陽台輕改造，小空間變大用途！

理想·宅——編著

陽台，
一方溫馨與幸福的天地

PREFACE

　　靜止的是建築，靈動的是空間。在居家空間中，陽台是光和影的舞臺，也是居住在都市中的人群接觸大自然的媒介。陽台的景觀是立體、綜合的藝術，其多變的造型也是為了創造更加多樣化的生活，使家的氛圍更完美、舒適。

　　陽台不同的造景設計，除了滿足家庭生活需求的功能外，也追求景觀視覺上的美。無論陽台是大，還是小，都應有各自的功能和景觀特點。陽台造景有其通則但無制式規範，同樣的功能區域可用不同的構思設計，使之具有獨特的立意，同時迎合居室環境整體的風格。這就有了濃縮版的夢幻森林、親子間的歡樂園、山林野趣的世外桃源等各式各樣的陽台風格。

　　小小的陽台，由於朝向的不同，適合種植的花草蔬果也有所區分；而不同形態的陽台，同樣有著自己特有的「脾氣」，改造不同的空間時，要摸清其本性與特質，才能達成心中所願。當你擁有一個東向的開放型陽台時，你可以在此擺放吊椅、搭個棚架、種上紫藤，坐在這裡等風來、聞花香，無比愜意；當你家的陽台位於南向，且封閉性較好，那麼無論作為書房還是茶室，都是絕妙的選擇。

　　一個陽台，成就一個心中的靈感祕境。那些用心種下的花草與精心的布置，讓我們能在「水泥森林」中，以陽台作為載體，放飛思緒，紓解壓力，感受著自然界的陽光、清風、花香，體驗四季輪迴的美麗。

目錄

Chapter 1

瞭解陽台特質
精心設計我的小型烏托邦

Chapter 2

運用花草蔬果
打造休閒又美觀的綠意庭園

Chapter 3

陽台整形魔法
發揮不同作用的百變空間

■ **Chapter 1** ————————

瞭解陽台特質
精心設計我的
小型烏托邦

你是否存在這樣的困擾？
打造陽台沒有頭緒，
或者空有萬種想法卻無從下手？
網路上的打造手法大同小異，換湯不換藥，
很難找到適合自家陽台的設計？

想把夢想中的烏托邦帶到陽台，
除了明確自身喜好，
還要徹底瞭解陽台知識，
只有做好萬全準備，
才能量身訂製出理想的小天地。

別再大材小用！陽台不只是晾衣區

　　在寸土寸金的高房價下，如今的陽台早已告別了僅僅用來晾曬衣服的時代。作為家中採光最充足、視野最開闊、通風最順暢的區域，若不加以利用，實在很可惜。此外，由於當今的戶型形態較多，有些家庭可能存在不止一個陽台，有可能出現兩個或者三個。而根據與陽台連接的室內空間的不同，陽台的功能取向也可以劃分出區別。

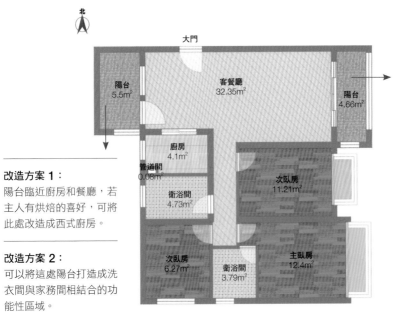

北

大門

陽台
5.5m²

客餐廳
32.35m²

陽台
4.66m²

廚房
4.1m²

管道間
0.08m²

衛浴間
4.73m²

次臥房
11.21m²

次臥房
6.27m²

衛浴間
3.79m²

主臥房
12.4m²

改造方案 1：
若家中缺少作為書房的空間，可以將此處打造成讓陽光灑落的書房。

改造方案 2：
陽台臨近客廳，且東向陽台擁有一上午的好光線，可將此處打造成綠意花園。

改造方案 1：
陽台臨近廚房和餐廳，若主人有烘焙的喜好，可將此處改造成西式廚房。

改造方案 2：
可以將這處陽台打造成洗衣間與家務間相結合的功能性區域。

陽台≠晾衣服
還有更多功能可挖掘！

例如：

可以解決小戶型缺少一間房的煩惱！

可以延展空間的功能！

可以作為享受生活的休閒場所！

……

要享受生活？還是實現功能？

　　家中的陽台是要作為享受生活的休閒空間，還是成為滿足家中某種功能需求的實用空間，不同的家庭在選擇上便有所不同。對於擁有多個陽台的家庭來說，瞭解陽台的方位，根據其特點進行布置，可以同時實現享受生活、滿足功能的兩種需求。但對於只有一個陽台的家庭來說，通常需要在不違背陽台特點的基礎上，來滿足生活功能的需求。一般來說，按照使用性質的不同，陽台可以分為「生活型」和「服務型」兩大類。

▬ 生活型陽台 ▬

- **特點**：供生活起居使用，作為起居室的延續，具有很強的公共性。
- **功能**：滿足家庭成員與室外陽光接觸的需要，主要用於休憩、家庭活動和種植植物等。
- **方位**：一般設於陽光充沛的南向位置，起居室或臥室的外側，且空間較大。

▲ 可以作為觀景台，在綠意花香中享受生活。

▲ 可以作為怡情的小酒吧，緩和繁忙的生活步調。

▲ 可以作為招待好友的品茗、休閒之所。

▲ 可以作為健身房，運動之際也能享有良好的視野。

💡 設計小竅門

　　由於生活型陽台的主要功能取向是休閒娛樂，所以陽台的護欄最好通透明亮，以玻璃欄板為主，以利於人們觀景休閒，但同時也要考慮私密性，避免遭受到鄰居間的視線干擾。

━服務型陽台━

- **特點**：為家庭生活服務，是居家生活中進行雜務活動的場所。
- **功能**：常作為晾曬衣物、存放物品以及進行家務勞動的空間。
- **方位**：一般位於建築物的背立面或側立面，常與廚房、衛浴間相連；空間面積不大，位置也比較固定。

▲ 可以作為儲物間，幫助維持居家的整潔面貌。

▲ 可以作為一體化餐廚，烹飪完成就上菜，簡化動線。

▲ 可以作為洗衣間，讓洗衣與晾衣家務更便利。

與不同的功能空間相連，陽台可以做什麼？

根據陽台位置的不同，需要有不同的設計方法。針對不同功能空間的特點，利用陽台來延展使用功能，可以讓居家空間的整體性更強，使用起來更加便捷。

❖ 陽台客廳：家中的顏值擔當

陽台客廳一般面積較大，因為與客廳相連，景觀往往無法遮蔽起來，在布置時一定要考慮整體的美觀。陽台客廳十分適合養花種草，為生活增加更多情趣；或者擺上舒適的桌椅，成為招待朋友的場所。如果你是個喜歡喝茶也會泡茶的人，設計成茶室是不錯的選擇。茶室的布置方法有兩種：一種是直接放上茶桌、椅子或坐墊，旁邊擺放一些綠色植物，和小花園結合起來進行布置；另一種是架高木地板，做成和室，自成一方天地，以茶會友，很有禪意。

▲ 與客廳相連的陽台，架高地板、擺上和室桌與坐墊後，便打造出品茗空間。

🔆 設計小竅門

　　由於陽台與客廳相連，因此在兩個空間的地面鋪上的材質必須是協調的，以免突兀，常用的裝修手法包括通鋪、門檻石分隔、壓邊條分隔。

通鋪
用同一種材質鋪設，整體大方，視覺感統一。

門檻石
可以過渡視覺感，也可以防止陽台滲水對客廳地面造成影響。

壓邊條
若陽台防水做得夠好，用壓邊條也是不錯的選擇。

❖ **陽台臥室**：實用才是王道

　　有的陽台臥室與房間融合在一起，沒有額外的隔牆分隔，在布置時要注意擺放的花草植物對人體是否有害，且整體布置不能與臥室風格太過脫離，最好能有所呼應。有的臥室則是有個獨立的外凸陽台，在布置時就無須過多講究，既可以布置成二人專屬的休閒空間，也可以布置成工作區或兒童遊戲室。另外，如果家中缺少一個房間，而陽台恰好又比較大，則完全可以把陽台改造成一個小臥室。這種設計比較適合貫通客廳和臥室的長陽台，在靠近臥室的一側裝上門，將長陽台一分為二，隔出一個小空間，作為客房來使用。

▲ 若陽台面積較小，可選用長條形書桌，比較不佔空間。

▲ 與兒童房相連的陽台，擺放上學習桌，就可以為家中的孩童劃分出一個獨立的學習區。

▲ 開放式一體化餐廚空間
的視覺效果十分寬敞,
餐桌還可以發揮分隔作
用,空間區隔更明確。

❖ 陽台廚房：盡享烹飪樂趣

　　有的家庭的廚房會連接一個小陽台,這個陽台中通常
設有水管,非常適合當作洗衣間或多功能室;也可以將冰
箱放在這裡,以增加廚房的可用空間;還可以擺放上餐
桌,打造一個一體化餐廚空間,烹飪之後直接上餐,使動
線更為順暢。若是陽台和廚房之間有門垛難以拆除,也可
以兩邊分開設計成中西廚,豐富廚房的功能。

◀ 廚房盡頭有一個小陽台,
擺放上輕便的餐桌椅,就
是一處用餐空間。

在居家建築空間中，與陽台就像近親關係的還有「凸窗」和「露臺」這兩種形態的空間。在設計手法上，它們既與陽台有著異曲同工之妙，又有各自獨特的韻味。

小凸窗的創意改造

有些家庭中除了擁有陽台之外，還存在一個或多個凸窗。凸窗一般不計入建築面積，它可以讓空間看起來比實際更大，令視線不自覺地延伸。這一個空間如何加以利用是有章法可循的，它們甚至還有真假之分。

> 認識假凸窗
>
> 凸窗結構若是在房間內部的，大多為假凸窗，實際上就是在房間裡面打造了一個檯子。但現今針對建築規劃的管理越趨嚴格，因此假凸窗已經越來越少，大部分都是不能砸的真凸窗。

・砸與不砸，要看凸窗是真還是假

「砸掉重來」是很多人進行居家改造時的慣用手法，雖簡單粗暴，但改造徹底。實際上，凸窗這一空間，並不是想砸就能砸的。

如果是假凸窗，也許可以砸！

如果是真凸窗，堅決不能砸！

・不能砸的真凸窗，可以這樣變美

一般情況下，凸窗坐面都是設計成大理石，坐上去感覺冰冷，不太舒服。如何將其變得美觀、舒適，考驗著居住者的創意思維。

基礎版

凸窗變軟座

凸窗最簡單的拯救方法就是將「冰冷」變「溫暖」，例如在凸窗的檯面上訂製海綿墊，再隨意擺放幾個抱枕，立刻就成為一個溫馨的角落。

▶ 與客廳同色系的抱枕，可讓凸窗融入整體居室環境。

進階版

凸窗變卡座

將凸窗變溫暖之後，還可以令其發揮更多的功能性，例如改造成一個舒適的卡座，不僅能充分利用空間，又能徹底發揮空間功能。

▶ 運用餐廳常見的卡座設計，將凸窗設計成一處獨立的用餐空間。

升級版

凸窗變書桌

　　較高的凸窗可改造成書桌，這時須考慮雙腿放置的空間。一般情況下，書桌檯面深度要超過凸窗至少25cm，桌面距地面建議高度為75cm左右。

▲ 依據凸窗的規格訂製書桌，既創造了讀書寫作的空間，也打造出存放書本雜物的區域。

高階版

凸窗變榻榻米

　　架高地板與凸窗平齊，變成可以儲物的榻榻米和室。加寬後的凸窗面積增大，可以作為小臥室使用，也可以成為獨自品茶或待客的區域。

▲ 沿著凸窗的形式訂製榻榻米，賦予空間更多功能。

在露臺中與室外環境親密接觸

　　如果說陽台和凸窗是「小家碧玉」，那麼露臺就可稱得上是「大家閨秀」了。露臺通常出現在洋房、別墅和多層住宅中，一般沒有頂面，完全暴露在室外環境中。露臺能夠保證室內具有良好的自然光線，也使室內與室外環境的接觸更加直接，最適合作為直接享受陽光、眺望、納涼、種植花草的休閒平臺。

▲ 擁有大空間的露臺，休閒功能更強，還可以在此擺放燒烤架，來個戶外聚餐。

針對不同陽台形態，設計出性格鮮明的小天地

陽台雖然面積有限，形態上卻不單一平淡。這一塊小天地，如同形色各異的人群，有的個性開放，熱愛與自然接觸；有的卻很內斂，喜歡溫馨的居家氛圍……如同做事情要因人而異一樣，在對陽台進行改造時，也要充分瞭解其特點，才能發掘出小小陽台的超凡魅力。

凹凸有致的陽台形狀

陽台按照形狀劃分，常見的是凸陽台以及凹陽台。雖同屬陽台，但由於形態的不同，在進行改造時，分別有著不可忽視的要點。否則，不僅達不到使用要求，還存在安全性的隱憂。

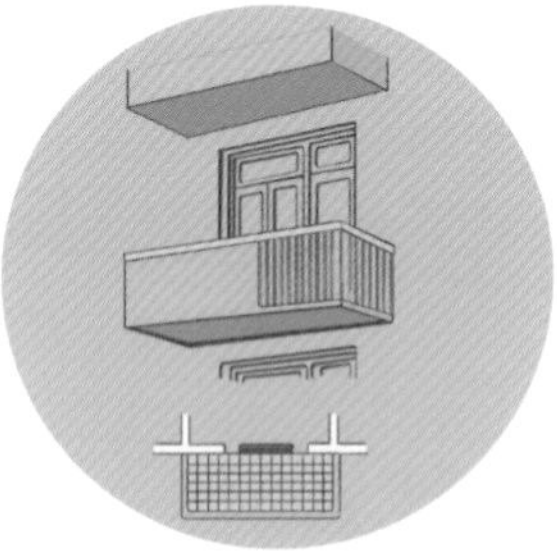

▪—凸陽台—▪

- **特點**：也稱為懸挑式陽台或外陽台。最為常見的形式是，以向外伸出的懸挑板、懸挑梁板作為地面，再由各式各樣的圍板、圍欄組成一個半室外空間，在視覺上具有空間上的外張力。
- **優點**：空間獨立，佈局靈活；有三面能與室外環境接觸，通風好、光照充足、視野開闊。
- **缺點**：承重能力有限，在布置時應著重考慮其安全性，同時考量與周圍環境的景觀一致。須避免破壞陽台下面的承重牆以及「挑」的部分，以免對建築體結構造成損傷。
- **適合改造的空間形式**：晾曬衣物，或者放置一些小巧、輕便的家具，作為休閒空間。

▶ 凸陽台最好選擇擺放輕便的家具，同時可以種植較多的花草植物，以營造休閒的觀景空間。

▲ 凹陽台的安全性能更高，較適合改為封閉式的獨立空間。

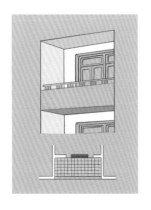

▬凹陽台▬

- **特點**：也稱為嵌入式陽台或內陽台。為佔用了住宅內面積的半開放建築空間，會給內部空間帶來擴展性。
- **優點**：更加牢固可靠，安全性大，擋風避雨效果較好。
- **缺點**：沒有轉角、直角，只有一個方向可享受到室外景觀，視野較窄。
- **適合改造的空間形式**：臥室、書房等實用性更強的空間。

「開放」還是「內斂」？

　　除了按照凹凸形狀劃分，陽台還有全封閉式、半封閉式以及開放式的區別。這些形態的陽台同樣各具特色，只要用心設計，就能在此享受美景、快樂生活。

─全封閉陽台─

- **特點**：使用欄板、玻璃等物將全部圍起來的封閉陽台，窗戶多用塑鋼窗或斷橋鋁窗。依據陽台欄板的高低，陽台的採光面積會隨窗戶面積而變化。很多用戶將陽台封閉後，作為住宅的使用空間，成為居室內部的一部分。

- **優點**：由於全部封閉的效果，不用擔心風吹雨淋的問題，在牆面、地面、頂面材料的選擇上，即使用沒有防水功能的材料，也沒有太大的問題。

- **缺點**：通風性、採光性較差，在做綠化景觀設計時，應儘量克服這些不利於植物生長的因素，例如利用透氣性較好的盆器來種植植物。另外，視覺上相對會有壓抑感，要適當減少牆面的裝飾。

- **適合改造的空間形式**：如同室內一樣擁有溫暖的環境，適合改造成獨立的空間，如書房、臥室、餐廳、洗衣間、儲藏室等。

▶ 全封閉陽台適合被打造成一個完整的功能性空間，擴增居住活動範圍。

▲ 半封閉陽台的光照相對充足，適合種植大量綠植，形成一個陽台小花園。

半封閉陽台

- **特點**：未全部封閉，是建築物室內向室外的延伸。一般由陽台欄板、欄杆、扶手組成，形成一個半開敞空間。其中陽台護欄部分是磚混結構，上面沒有封腰窗，陽台有頂面能夠遮擋風雨。

- **優點**：由於三面處於封閉狀態，只有一面暴露於室外，所以通風性、採光性較全封閉陽台好，利於植物生長。

- **缺點**：布置時要注意防水與排水的問題，否則會有滲漏的擔憂。

- **適合改造的空間形式**：光線能夠直射室內，適合改造為花園，還可以使用懸掛式盆栽來阻隔陽台和室內空間。

▪─ 開放式陽台 ─▪

- **特點**：一般指沒有頂面的陽台，懸挑於居室外部，與室外環境直接接觸，外沿部分全部由陽台欄板、欄杆、扶手組成。由於完全暴露在室外環境中，因此視野和景觀都等同於室外。

- **優點**：環境最接近大自然，通風好、採光佳。

- **缺點**：因為完全暴露在室外，夏天無法遮蔽陽光，容易導致環境炎熱；冬天又難以保暖，植物易遭受寒害。

- **適合改造的空間形式**：選擇少量的植物裝飾，主要以休閒家具為布置重點，可放置一組休閒桌椅，成為朋友間小聚的放鬆空間。至於防曬的問題，可以透過遮陽傘來解決。種植植物的話，可架設遮陽網。

▲ 在開放式的露臺上擺放躺椅和遮陽傘，形成一處觀賞風景的休閒場所。

延伸閱讀

　　雖然開放式陽台能夠使人與大自然有更加親密的接觸，但對於需要增加實用功能的家庭來說，並無法滿足需求。因此，一些居住者會希望把陽台封起來，使這個空間達到更有效率的利用。同時，封裝陽台不僅防盜、防墜物，還能保溫、隔熱、隔音，擋住外面的風雨與吵鬧，營造一個舒適的居家環境，好處多多。但在封裝陽台之前，有三件事一定要先搞清楚。

1. 別忘了詢問管委會！

　　封裝陽台這件事情，有時並不是自己說了就算。有的社區管委會為了統一社區外觀，是不允許擅自改裝陽台的；而有的管委會雖然不會強硬反對，但會規定使用的建材。因此，在進行陽台封裝作業前，一定要事先與管委會溝通好，並詳讀公寓大樓管理法。

2. 謹慎拆除防護欄！

　　有些陽台帶有防護欄，在封裝時，拆與不拆也會成為很多居住者糾結的問題。在社區管委會允許拆改的前提下，如果原始防護欄為鐵製，且高度不足1.1m，建議拆掉，因其防護功能較弱，且非常容易生鏽。另外，有的防護欄裝在窗戶裡面，有的裝在外面，在外面的可以在封陽台時包進來，和窗戶之間留有一定距離，方便日後曬被子。

3. 改裝驗收很關鍵！

　　陽台封得好不好，不僅和所用的材料有關，工人的安裝技術水準也很重要。因此，在驗收時一定要檢查窗戶是否關閉嚴密、間隙均勻，窗扇與窗框的搭接是否緊密，五金是否能夠靈活使用。此外，還要確定窗扇的安裝位置是否正確、是否牢固端正。

小陽台，大滿足！——適合不同人群的陽台設計

透過瞭解家中陽台的分佈和類型，我們可以看到小小的陽台實際上具備非常多樣化的「變身」形式，不同的人群可以結合自身需求來選擇陽台的設計形式。藉由下方的問卷，看看哪一類的陽台更適合你吧！

調 查 問 卷

1 你家陽台的面積為＿＿＿＿＿＿＿＿m²。

2 你對植物花草是否有偏好，是否希望在家中體現出自然感？

　　□ 是　　　　　　　　　　　　□ 否

3 家中是否缺少一間功能房，如書房、小臥室、兒童遊樂室等？

　　□ 是　　　　　　　　　　　　□ 否

4 你是否喜愛結交朋友，常常會邀請朋友到家中做客？

　　□ 是　　　　　　　　　　　　□ 否

5 你是否有個人嗜好，希望有一處專屬空間，不被人打擾？

　　□ 是　　　　　　　　　　　　□ 否

6 你是否是「懶癌」患者，沒事就想躺著曬太陽、發呆？

　　□ 是　　　　　　　　　　　　□ 否

7 家中的洗衣機是否有適合的放置地點，你希望有一處獨立的家政間嗎？

　　□ 是　　　　　　　　　　　　□ 否

透過填寫調查問卷，你可以更清晰地瞭解到個人或家人的需求，充分認清需求之後，再結合陽台本身的特點改造，就能輕鬆享受陽台帶來的小確幸。

分析1：
不同的陽台面積
決定了陽台的功能

3m²左右的小陽台

適用場景：

☐ 作為養花、觀景類的生活型陽台

☐ 打造成一處放鬆休閒的小角落

5m²左右的中等陽台

適用場景：

☐ 充分開發空間，打造成擴充家庭需求的功能房

☐ 作為滿足邀請親朋好友來做客需求的會客廳

☐ 打造成怡情空間，在此品茗、品酒、喝下午茶

☐ 可考慮借用臨近空間的面積，打造功能更加豐富的區域

8m²以上的大陽台

適用場景：

☐ 露臺可根據需求利用，一般作為戶外休閒區

☐ 室內封閉型陽台可改造為多功能區

回答調查問卷中的問題2〜7之後，你選擇了「是」的問題，可對應到下述的陽台設計類型。若有多個「是」的選擇，應結合陽台面積進行設計上的取捨。當然，對於擁有大面積陽台的家庭而言，則可以滿足多項功能需求。而懂得一定程度的設計技巧，更有助於打造出滿足多功能需求的陽台。

對植物花草有偏好，希望在家中體現出自然感

對應人群：花草植物及多肉愛好者、親水人群

設計思路：

☐ 若是面積不大的陽台，可充分利用牆面和頂面空間，例如在牆面設置層架擺放花草，或將植物用懸吊方法展現，或者結合陽台欄杆固定花架。

☐ 對於擁有大面積陽台的家庭而言，可以設計一處親水空間，利用山石、水景、花草來營造出自然景觀。

屬於「懶癌」患者，沒事就想躺著曬太陽、發呆

對應人群：懶懶散散的愛好者

設計思路：

☐ 擺放舒適的躺椅、搖椅或沙發，就能擁有一方愜意空間。

☐ 也可以懸掛吊床，不佔用空間，又具有新意。

☐ 同樣要考慮預留插座位置，這類的人大多也是滑手機的低頭族。

家中缺少一間功能房，如書房、小臥室、兒童遊樂室等

對應人群：戶型面積為80m^2（約24坪）以下的小戶型家庭

設計思路：

☐ 將陽台打造成功能房，前提是要做好陽台的保溫、防寒等措施，保證陽台的使用舒適度。

☐ 安全性比裝飾性更重要，擺放家具時要考慮陽台的承重。

☐ 作為兒童娛樂區域，要設置好防護欄，最好選用安全性能高的玻璃封裝陽台。

喜愛結交朋友，常常會邀請朋友到家中做客

對應人群：熱情好客、善於結交朋友的人

設計思路：

☐ 對於面積較大的陽台，可參考客廳會客區的設計手法，但
　要選擇重量輕的家具。

☐ 對於面積有限的陽台，可以考慮打造成榻榻米空間，設置
　升降桌或茶桌，也可以借用臨近空間的面積。

有個人嗜好，希望有一處專屬空間，不被人打擾

對應人群：健身愛好者，或擁有繪畫、樂器興趣的人

設計思路：

☐ 設計上沒有太多限制，只需在陽台適宜的區域，擺放能夠
　執行嗜好活動的器具即可。

☐ 可以利用牆面空間來收納一些嗜好中的輔助用具。

☐ 若要放置插電類的器具，要提前規劃好插座的位置。

家中的洗衣機沒有適合的放置地點，
希望有一處獨立的家政間

對應人群：家庭主婦或主夫

設計思路：

☐ 做好陽台的防水工作是關鍵，同時要考慮洗衣機、烘乾機
　的防曬問題。

☐ 可以結合陽台形態打造收納櫃，做分區規劃，將打掃用具
　分門別類地存放。

從地板、牆壁到天花板，挑選適合的建材

如果把裸裝的陽台比擬是素顏的女性，陽台裝修所用的裝飾材料，就好比是不同彩妝。不同類別的裝飾材料，塑造出的陽台面貌各有千秋，都擁有著各自獨特的味道。陽台裡不同的區域對裝飾材料的需求也各不相同，必須仔細探究。

地面選材——美觀誠可貴，舒適價更高

不同類型的陽台可以結合自身特點來選用相宜的地面材質，磁磚給人的感覺冰冷、現代，而木質地板則是溫馨、踏實……將這些材質運用得當，便可以打造出實用性十足或是洋溢自然氣息的陽台景觀。

❖ 地磚：服務型陽台的首選材質

服務型陽台的地面材質最基本的要求是防滑、耐磨、抗老化，尤其是作為洗衣間的陽台，由於用水情況較多，地面選用磁磚可以發揮防水作用。同時磁磚耐髒，又容易清理，可省下維護的心力。另外，地面磁磚的花色種類繁多，不論何種裝飾風格都能找到與其匹配的款式。地面磁磚的鋪貼形式有許多變化，不但色彩豐富，而且形狀規格都可以控制，許多特殊類型的地磚還可以滿足不同陽台的特殊鋪貼需求，創造出獨特的陽台效果。

—— 釉面磚 ——

- **特點**：釉面磚表面經過燒釉處理，可按原材料的不同分為陶製釉面磚和瓷製釉面磚；按照光澤不同，又可分為亞光（非亮光面）和亮光兩種類型。

- **優點**：具有豐富的色彩和圖案，防滑耐磨的同時，還具有較好的防汙效果。

- **運用方式**：在有用水需求的陽台，選用亮光釉面磚較佳。

▲ 幾何紋樣的釉面磚讓原本有些平淡的景觀有了視覺焦點。

━ 拋光磚 ━

- **特點**：通體磚打磨拋光後，就叫拋光磚。

- **優點**：光亮度比通體磚高，硬度強，耐磨性也非常好；裝飾性比較強，透過滲花技術處理的拋光磚，擁有各種仿石、仿木的紋路效果。

- **運用方式**：服務型陽台無法避免用水，若想展現自然感，適合選用拋光磚。

◀ 仿復古紋的拋光磚為陽台增添了一種原始的粗獷感，趣味性十足。

━ 通體磚 ━

- **特點**：又稱為無釉磚，表面不上釉，正反面材質和色澤一樣。

- **優點**：耐磨性和防滑性是所有磁磚中最好的。

- **缺點**：花色的設計比不上釉面磚。

- **運用方式**：適合用在顏色較素的陽台地面。

▲ 光滑明亮的通體磚增加了陽台的通透感，與整體簡潔的風格搭配相宜。

💡 設計小竅門

　　若覺得常規地面磚的花色比較單一，不妨選擇圖案豐富、色彩絢麗的花磚。花磚透過不同的組合和切割，可以演繹獨具個性的裝飾風格，彷彿自帶天然的浪漫主義氣質與文藝氣息。另外，也可以選擇六角磚等特殊造型地磚，打破傳統空間理念，提升陽台的裝飾度以及層次感，更顯豐富。

❖ 木材：增加生活型陽台的溫馨感

　　木材是一種「暖性」材料，給人溫馨、舒適的感覺，且顯得典雅、自然。對於生活型陽台的地面選材，顯然木材比堅硬、冰冷的地磚更討人喜歡。而一些經過處理的木材，基本上不會受到環境影響，對於鋪裝在陽台上來說也十分耐用。

▪—防腐木—▪

- **特點**：具有防腐的作用，即使是開放式陽台，打理起來也比較方便。
- **優點**：可以有效防止微生物的侵蝕，也能防止蟲蛀，同時防水、防腐，可以承受戶外比較惡劣的環境。其氣質貼近自然，和花花草草能完美融合，讓陽台充滿生機與活力。
- **缺點**：因自身具熱脹冷縮特性，若沒有經過特殊處理，變形比較嚴重。防腐木一般會有5mm的留縫，視覺效果粗獷，不太適合和洗衣機或一般系統櫃搭配。

▲ 長條款防腐木大氣、美觀，自然感十足。

⟨ info ⟩

防腐木的施工要點

　　在施工時，應盡可能使用防腐木現有的尺寸，如需切割、鑽孔時，必須使用木材防腐劑進行塗刷補救，以保證防腐木的使用壽命。在搭建露臺時，則應儘量使用長木板以減少接頭，以求美觀。另外，由於防腐木板面之間有留縫，因此所有連接點須使用熱浸式鍍鋅緊固件或者不鏽鋼五金件。當防腐木表面用戶外防護塗料或油漆類塗料塗刷完後，為了達到最佳效果，48小時內應避免人員在上面走動或移動重物，以免破壞防腐木表面已形成的保護膜。若想取得更好的防髒效果，必要時可在防腐木表層再做一道戶外專用的油漆處理。

■—塑木板—■

● **特點**：高科技綠色環保新型裝飾材料，兼有木材和塑膠的性能與特徵。

● **優點**：防水且防曬，不會因為陽光曝曬而變形，拆卸也十分方便，可以重複利用。

▲ 原本為地磚的陽台，若想要呈現自然氛圍，適合使用塑木板，可以充分發揮其拆裝方便的優勢。

防腐木+草皮+小石子

塑木板+小石子

防腐木+草皮

☀ 設計小竅門

　　若覺得陽台地面只用木材鋪設顯得有些太單調，還可以嘗試加入人工草皮或小石子進行輔助裝飾，使陽台的自然感更加強烈。這樣鋪設而成的地面，不管是雨水還是晾衣的滴水，都不用擔心滲漏問題。

❖ 其他材質：豐富陽台地面的「表情」

　　除了常見的地磚和木材地面，陽台地面材質還有更多樣化的選擇，例如可以呈現現代感的水泥粉光地板。

━━水泥粉光地板━━

- **特點**：頗具質樸之美，防水性較好；無接縫的特性讓視覺延伸，放大空間感。

- **缺點**：水泥地面有侷限性，風格上比較適合偏現代感的陽台設計。

◀ 光滑、亮潔的水泥粉光地板非常適合作為陽台洗衣間的地面材質。

━━紅磚塊━━

- **特點**：抗壓、抗斷裂的能力較強，且具有原始粗獷感。

- **缺點**：重量較重，需考慮陽台的承重性。

◀ 紅磚地面搭配藤椅和綠植，營造出仿若熱帶雨林的原始氣息。

延伸閱讀

無論是封閉式陽台還是開放式陽台，都少不了和水打交道，不僅要防止生活用水造成積水，也要注意雨水的沖刷。因此，陽台地面的防水處理可說是第一要務。

1. 選用性能較好的防水塗料

陽台防水層是暴露在室外的，有可能遭受炎熱日光的曝曬、狂風的吹襲，以及大雨的侵蝕。所以，應選擇抗拉強度（UTS）高、延伸率大、抗老化效果好的防水材料。

2. 防水層的厚度要做足

陽台防水層的厚度至少要有5mm，一般用粉刷防水塗料塗刷兩到三遍即可。

3. 陽台地面需有坡度

未封閉的陽台遇到暴雨會大量進水，為避免雨水流入室內，要考慮地面水平傾斜度，保證水能流向排水孔。一般來說，陽台地面應低於室內地面30～60mm，向排水方向做平緩斜坡，外緣設擋水邊，將水導入排水管排出。

4. 安裝排水順暢的地漏

若陽台上準備放置洗衣機，應安裝專用的洗衣機地漏，以免洗衣機排水量大於地漏排水的負荷量而導致陽台積水，不及時處理就會造成滲漏。

5. 必須做24小時閉水測試

地漏管道等縫隙，在進行防水處理時一定要仔細，這些地方往往是下滲的源頭。做完防水，一定要進行24小時閉水測試。

牆面選材──兼具防潮、防水、易清理的特性

陽台牆面材料同樣可以根據陽台的類型加以區別使用。總體來說，陽台牆面材質既要經得住風吹日曬，也要方便打理養護。作為用水空間的功能型陽台，磁磚是最好的選擇，若居住者喜愛營造自然、休閒的陽台氛圍，外牆乳膠漆和木板牆也是不錯的選擇。

❖ 磁磚：具防水、防雨的雙重保險

如果陽台面積不大，又有洗衣機、烘乾機等設備，那麼牆面最好使用小方磚鋪貼，不僅防潮、防水，而且能夠帶來不錯的裝飾效果。牆面磁磚建議鋪到頂部，這樣視覺感較好。陽台的空間比較小，因此適合選用尺寸偏小的磁磚，通常250mm×360mm以下的尺寸會更協調。一些開放式陽台的牆面也比較適合磁磚，因其對酸雨有較強的抵禦能力，整理起來也十分方便。

▲ 小尺寸的白色磁磚令空間顯得乾淨、明亮。

▲ 方格釉面磚具有防水、易擦拭的特點。

❖ 外牆乳膠漆：須考慮陽台使用功能

對於陽台牆面，乳膠漆也是可以選擇的材料。雖然相對於磁磚來說，乳膠漆的防水性能和抗色變的功能較差，但可以保持陽台的整齊感，而且個性十足，所以受到許多人青睞。需要注意的是，最好選用外牆漆來刷陽台牆面，其具有防曬功能，即使長時間照射也不會變色。另外，牆面塗刷乳膠漆，比較適合用在休閒性質的封閉式陽台，而洗衣間則不適合。

▲ 帶有顆粒感的乳膠漆牆面，更具自然情調。

▲ 乳膠漆牆面結合牆面裝飾線，能增加精緻感。

▲ 木板牆的自然效果極強，同時能夠為陽台帶來溫潤的視覺感。

❖ 木板牆：貼近自然，令生活更舒適

　　若想打造具有休閒功能的陽台或者陽台小花園，用木板裝飾牆面也是不錯的構想，會帶來森林小木屋般的童話氣息，同時也體現出居住者對生活品質的追求。這種把自然、健康、環保的概念融入陽台牆面裝飾的設計，可以使陽台的環境更加舒適。

❖ 文化磚：營造自然風的人造石

　　文化磚的裝飾效果極強，歲月痕跡比較明顯、自然，自帶復古感與粗獷感，讓陽台牆面產生了一種野趣。在鋪貼文化磚時，要注意進行留縫和填縫處理，尤其在填縫時，縫隙要填滿，否則上漆後容易有黑點。比較好的處理方式是將厚度控制在磚的1/2或2/3處，會比較有立體感。

▲ 文化磚彰顯出的文藝氣息，提升了空間的格調。

▲ 紅色文化磚牆面的復古感極強，搭配小黑板，營造出小酒吧的既視感。

頂面選材——以功能性為主，兼具裝飾性

封閉型陽台的天花板材的選擇比較多樣化，總體原則上須保證防潮、保溫、防黴、防開裂。

❖ 三溫暖壁板：具有較強的裝飾效果

三溫暖壁板是非常適合陽台天花板的材料，不僅安裝便利，同時可以帶給人一種輕鬆、自然的感覺，但缺點是可能會受到高溫的侵蝕而變色。另外，在安裝三溫暖壁板之前，最好把晾衣架的預埋件做好，因為預埋件只有與實體牆結合才最牢靠。如果事後穿過板材去安裝晾衣架，其承重力會減弱。

▶ 選擇三溫暖壁板做天花板的材質，往往能凸顯出強烈的自然感。

❖ 玻璃：選擇品質好的材質是關鍵

在陽台頂面裝設透明、半透明或彩繪玻璃，可以充分利用採光，營造開闊的視野。但這種形式更適合開放式的大陽台，且清潔起來難度較大。另外，在選擇玻璃時，一定要注意材質的安全性能。

▲ 通透的玻璃讓陽光更加均勻地灑向陽台，營造出絕佳的舒適體驗。

❖ 鋁扣板：性能較好的天花板材

鋁扣板具有質輕、耐水、抗腐蝕等特點，其性能比三溫暖壁板和塑鋼扣板要好，是陽台廚房比較理想的板材。但鋁扣板的安裝要求比較高，拼縫不如塑鋼扣板精密，板型款式也沒有塑鋼扣板多。具體選擇時，不必太在意厚度，0.6mm即可，但一定要對鋁扣板的用料詳加選擇，其彈性和韌性好壞是關鍵。

▲ 鋁扣板拆裝方便、易於清潔。

❖ 防水石膏板：
　以優良的防水性取勝

防水石膏板具有良好的防水性能，且整體性、平整度都比較好，是比較適合作為陽台頂面的材料。

◀ 採用防水石膏板的陽台天花板沒有過多的裝飾，地面就可選用黑白菱形地磚鋪貼，整體視覺也不會顯得雜亂。

陽台護欄——保證安全性能是首要條件

　　陽台護欄須具備結實、堅固的特點，並在保證安全的基礎上，不宜過粗、過密，否則會影響光線和視線的穿透，也會對窗玻璃的清潔帶來不便。為了安全起見，其高度通常為1100～1200mm。若是開放式陽台，其護欄底部應設有一定高度的護板，以防止物品掉落。

❖ 玻璃護欄：不會阻礙陽光的照射

　　玻璃護欄簡潔、美觀，裝飾效果比較好，同時還具有不阻礙視線和光線的優點，適合擺放盆栽。但造價較高、抗衝擊力差，受到撞擊易破碎，且不太適合垂直性的綠化設計。一般採用硬度高的鋼化玻璃，厚度至少為12mm。合理的做法是用雙層6mm厚的玻璃，中間夾膠、內層鋼化、外層不鋼化。如果覺得缺乏安全感，可以在玻璃上貼圖案或增加扶手。

▲ 玻璃護欄的通透感較強，可以使陽光灑滿陽台的每一個角落。

❖ 鐵藝護欄：材質本身就很美

　　鐵藝護欄的造型佳，纖細而美觀，裝飾效果非常好，居住者可以根據喜好進行造型設計以及顏色選擇。鐵藝護欄與花盆、花箱搭配在一起，也可以形成比較好的景觀效果。但鐵藝護欄的缺點是不耐腐蝕，面漆脫落後易生鏽，需要定期保養、維護。

▲ 鐵藝護欄的裝飾感強，造型很美。

▲ 在不鏽鋼護欄附近擺設花草
盆栽，可以增加陽台的裝飾
效果。

❖ 不鏽鋼護欄：靠後期裝飾凸顯美感

　　不鏽鋼護欄比較耐腐蝕，使用週期長，且易清洗、安裝便捷。但這種護欄的樣式比較單一，色彩也比較單調，因此後期的裝飾搭配很重要，可以用花草植物來增加整體的美觀度。

❖ 自然材質護欄：最能展現陽台特質的材料

　　這種護欄一般情況下為二次設計，往往是在玻璃、鐵藝等材質的護欄基礎上，用防腐木、麥秸稈等天然材質進行疊加設計，使裝飾效果更顯得自然。

▲ 用麥秸稈作為陽台欄杆的裝
飾，自然感十足。

⟨ info ⟩────────────────

護欄可根據陽台類型加以區分

　　封閉式陽台為了獲得良好的光線和視野，往往會採用落地玻璃窗。此時有必要在玻璃內側設置護欄，一方面可以避免因高度產生恐懼，另一方面也能防止家中的孩童及老人撞到陽台玻璃。對於開放式陽台，護欄則不宜採用實體欄板，而應選擇部分透空、透光的欄杆形式，保證通風良好，也便於獲得良好的視野。另外，如果經濟上可以負擔，護欄的橫杆部分最好選擇觸感溫潤的材質，並做成扁平的形式，以提高扶靠時的舒適度。

陽台玻璃──優先考慮抗衝擊力、保溫隔音效果

對於需要封裝陽台的居住者來說，選擇何種窗戶玻璃十分重要。陽台玻璃一定要具備抗衝擊、保溫、隔熱、隔音的特點。窗戶顏色宜用寶石藍、翠綠、茶色等，也可用鍍膜玻璃，這種玻璃從外面看不到裡面，裡面則可以看見外面，可以保證陽台的私密性。大多情況下，陽台玻璃窗最常用的還是鋼化玻璃。

鋼化玻璃具有硬度強、不易碎的特點，可以加工成單層玻璃、中空玻璃以及夾層玻璃。陽台玻璃比較推薦雙層中空玻璃，由兩層玻璃組成，保溫、隔熱、隔音的效果都不錯。另外還有一種真空玻璃，工藝比中空玻璃更複雜，兩層玻璃間抽成真空，其優點是更薄、隔音效果更好，但價格往往比較貴。

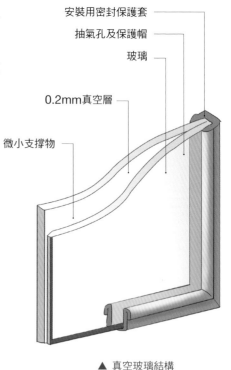

安裝用密封保護套
抽氣孔及保護帽
玻璃
0.2mm真空層
微小支撐物

▲ 真空玻璃結構

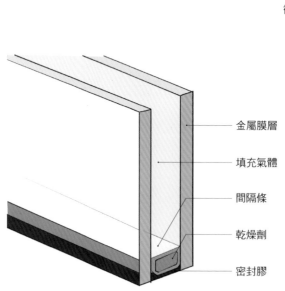

金屬膜層
填充氣體
間隔條
乾燥劑
密封膠

▲ 中空玻璃結構

陽台窗框——勿盲目跟風，適合的才是最好的

陽台窗框材質較常見的包括塑鋼、鋁合金和斷橋鋁三種。有些偏愛自然感的家庭，也會考慮實木窗，但由於木材的抗老化能力差，熱脹冷縮變化大，日曬雨淋後容易被腐蝕，因此並不推薦。可以用鋁包木窗進行替代，其主體結構為純木，但透過特殊工藝在外側鑲嵌了一層鋁合金型材，這樣的構造能加強木窗承受日照、風雨、冷熱的能力，同時又能夠凸顯自然感。

❖ 塑鋼窗框：經濟實惠，美觀度一般

塑鋼中間為鋼結構，是一種外面包裹著塑膠的擠壓成型的型材，一般為白色。塑鋼窗框的價格便宜，其隔音、隔熱、保溫、氣密性、水密性等性能都不錯。但是斷面較大，看起來比較不美，而且會影響採光。

❖ 鋁合金窗框：綜合性能高，隔熱性欠佳

鋁合金具有較好的耐候性、抗老化能力以及裝飾性能，價格上也較經濟。但這種窗框的隔熱性不如其他材料，也不屬於節能產品。在運用時，鋁合金型材的厚度應在1.2mm以上。

❖ 斷橋鋁窗框：性能好，但價格較高

　　斷橋鋁窗框的裡外兩層都是鋁合金，中間用塑膠型材連接起來，因此既有鋁合金的耐用性，又有塑膠的保溫性，可謂兼具塑鋼窗框和鋁合金窗框的全部優點。但製作和施工成本都很高，且市場價格差異性較大，在選購時，消費者需辨別材質的優劣。也因價差大，居住者可以根據家庭的具體情況加以選擇。

　　要不要選擇斷橋鋁窗框，首先要認清其在保溫、隔熱以及隔音方面的優勢。如果居住的空間環境是夏天使用空調、冬天使用地暖的情況，運用斷橋鋁結合雙層中空玻璃，可以將室內的溫度保持得更好。如果居住的環境臨近馬路或高速公路，環境比較嘈雜，運用斷橋鋁結合雙層中空玻璃，就能保證室內良好的隔音效果。若對這兩方面的需求不高，使用一般的鋁合金窗框即可。

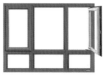

> ### 💡 設計小竅門
>
> 　　有一種主體結構為斷橋鋁合金窗，但透過特殊工藝在窗內側鑲嵌了一層優質純木材，從而形成木包鋁結構。這樣的構造不僅完美保留了木窗的美，同時增加了窗戶的剛性、耐候性、風壓性等特質，更適合追求自然感的家庭。
>
>
>

延伸閱讀

除了各種材質的窗框，目前還流行一種新型陽台窗，即「無框窗」。

- **優點**：和有框窗相比，無框窗整體更美觀，且能夠提供最大限度的採光，和最大面積的空氣對流。能開能疊能收，不影響建築的外立面。

- **缺點**：密封性比不上有窗框的陽台，隔熱、隔音的效果也會打折扣，而且價格更貴。而根據所用的材料不同，價格不等。

- **適合的安裝環境**：由於能夠左右移動，也能90度打開，或是全部折疊打開，全部打開時看起來像是沒有封陽台，因此各式各樣的陽台都能安裝。

- **不適宜的安裝環境**：由於沒有橫框和豎框包裝，穩定性較差，10樓以上不建議安裝，因高層風大，會有安全上的隱憂。

- **安裝要點**：為了保證強度，要用鋼化玻璃、五金件穩固上下軌道，且無框窗需用6mm或8mm的中空鋼化玻璃，如果是無框折疊陽台窗則一般採用6mm或8mm鋼化單片折疊或雙片折疊玻璃。

- **推薦度**：☆

雖然無框窗設計的顏值較高，但對於一般家庭來說並不推薦。依據以往的經驗，無框窗使用兩三年後，玻璃與玻璃之間的膠性密封條容易老化，耐用性比有框窗低很多。

符合空間特色！實用與美貌兼具的家具

　　家具可說是居家空間中必不可少的物件之一，它具備讓人坐臥、儲藏物品等功能，可以為生活帶來便捷、舒適的體驗。在陽台小空間中擺上布沙發，就能營造出一個與世隔絕的私人小空間，再放置幾把鐵椅、一張茶桌，即可與三五好友在此暢談，享受歡聚時光。

陽台家具須貼近空間特點

　　陽台是家中比較特殊的一個空間，因此陽台上的家具和家中其他區域的家具在選擇上也有所不同。除了依然要考慮家具的尺寸與風格是否與整體空間相協調之外，重量一定要輕，不可超出陽台的承重範圍。

❖ 考量承重限制，選用輕便家具

　　陽台是住宅建築的延伸部分，不像客廳、臥室那樣有承重牆支撐，所以其承重能力有限。陽台荷載一般為 $2.5kN/m^2$，也就是說每平方公尺最多能承受250公斤的重量。所以想把陽台打造成書房用來擺放書架和書籍時，或者改成花園放大花盆時都要慎重，不要超過陽台的承重範圍。

▲ 陽台上最適合擺放方便折疊且輕便的家具。

▲ 封閉式陽台可以考慮布藝、實木等不防水但耐曬的家具。

▲ 開放式陽台應選擇耐曬、防
水材質的家具。

❖ 根據陽台特性，選擇合適材質的家具

　　如果家中陽台為開放式，可以選擇合金材質
的家具，這樣的材質不僅可以帶來美的感受，而
且能承受戶外的風吹雨淋。如果陽台為封閉式，
不必擔心日曬雨淋，柔軟的布藝家具或者木質家
具則是不錯的選擇。

熟悉家具材質，選得好才能用得好

陽台家具材質的類型與其他空間並無差異，只要掌握好不同材質家具的特點與保養方法，就能運用得當，打造出契合居家生活特質的陽台小時光。

❖ 布藝家具

布藝家具比較容易受到環境條件的影響，過度的陽光直射以及水氣，都會大大降低家具的壽命，因此布藝家具比較適合擺放在封閉式的陽台。若在開放式的陽台環境中擺放布藝家具，體積不要過大，應確保在環境較為惡劣的情況下也方便收納；也可以在家具周圍栽種植物，它們能夠吸附空氣中的塵埃，在一定程度上幫助家具維持整潔。

優點：款式多樣，價格較便宜
缺點：易髒，容易陳舊
適合類型：封閉式陽台

〈 info 〉

布藝家具的保養方式

① 除塵：布藝沙發在日常清理時，如果沙發表面只有灰塵，可以用小型吸塵器進行清理；如果沒有吸塵器，也可以用乾淨的濕毛巾在沙發表面輕輕拍打，同樣能夠起到清潔塵土的作用。

② 去汙：如果沾有汙漬，可用乾淨抹布沾水拭去，為了避免留下痕跡，最好從汙漬周邊擦起。絲絨家具不可沾水，應使用乾洗劑清洗。若定期使用清潔劑清洗，洗後應將清潔劑清除乾淨，否則更容易染上汙垢。

❖ 木質家具

　　木質家具自然、美觀、耐用。由於木材的導熱性差，放置在半開放式的陽台中，即使在冬季也不會有冰涼感。另外，木材給人的感覺溫和，軟硬程度和光滑程度均適中，能夠給人帶來舒適的體驗，增加陽台的韻味，對於人的情緒也有舒緩作用。

優點：結實耐用，自然感強
缺點：容易變形、開裂
適合類型：全封閉、半封閉式陽台

⟨ *info* ⟩

木質家具的保養方式

　　① 除塵：實木（由整塊原木栽切而成的木素材）家具的日常保養方式就是清潔表面灰塵。清潔表面時，可先使用中性的肥皂水兌溫水進行擦拭，然後再用清水擦拭，一直到擦乾為止。這樣做的好處是可以減少髒汙透過油漆而進到實木木質表層。

　　② 上蠟：如果是在春季、秋季，可以使用一次性實木保養油，每週擦拭一次。定期上蠟也是不錯的保養方法，可增加實木外觀的美感，基本上半年進行一次即可，過度上蠟也會損傷塗層外觀。

　　③ 防蟲蛀：木質家具很容易遭蟲子鑽洞腐蝕，所以要定期上漆，發現掉漆現象應及時進行補漆。實木家具表面用濃鹽水多塗抹幾次，有防蟲蛀的作用。

❖ 金屬家具

金屬家具的現代感較強，且線條比較俐落，尤其是鐵藝家具，充滿了浪漫、溫馨的氣息。金屬家具重量一般較輕，且比較精緻、小巧，方便移動。其多樣化的造型，能夠滿足不同形態的陽台需求，使用率較高。

優點：極具個性，有些可折疊
缺點：材質較冰冷，直接坐舒適度較差
適合類型：封閉式陽台

優點：冬暖夏涼
缺點：需要定期
保養
適合類型：任何
陽台

❖ 藤製家具

藤製家具是由天然原生植物的藤蔓彎曲製成，未破壞內部結構，所以韌性比一般實木家具要高，在潮濕和乾燥的環境下不變形、不開裂。另外，藤製家具能夠保持大自然原有的天然紋路，帶給人一種返璞歸真、古典的感受。一把簡單的藤椅不論在哪種風格的陽台環境中都能融入。

《 info 》

藤製家具的保養方式

① 除塵：清潔時可以用吸塵器先吸一遍，或者用軟毛刷由裡向外先將灰塵拂去，然後用濕一點的抹布抹一遍，最後再用布擦乾淨即可。

② 防曬：避免陽光長時間直射，以防褪色、變乾、變形、開裂、鬆動和脫開。

③ 防蛀：使用一段時間後，可用淡鹽水擦拭，既能去汙又能保持柔韌性，還有一定的防脆、防蟲蛀的作用。

④ 翻新：先進行清潔，用乾毛巾擦乾，然後用砂紙打磨，去除表面汙漬並且恢復光滑，再上一層光油保護，即刻煥然一新。

❖ 玻璃家具

　　單純的玻璃抗壓能力較弱，用來製作茶几、椅凳的玻璃一般都是鋼化玻璃。這種材質的家具防水、耐腐蝕性較高，不易受外界環境的影響，而且簡約大方，適合現代風格的陽台環境。此外，玻璃家具還常與金屬、藤製等其他材質的家具搭配使用，多樣化的材質組合能夠滿足更多樣化的陽台需求。

優點：簡約大方、防水、耐腐蝕
缺點：安全性能略低，要謹慎使用，儘量防止碰撞
適合類型：任何陽台

〈 *info* 〉
玻璃家具的保養方式

　　① 除塵：清潔時可以用吸塵器先吸一遍，或者用軟毛刷由裡向外先將灰塵拂掉。

　　② 去汙：鋼化玻璃上的灰塵、水漬可以直接用毛巾或報紙擦拭，若是油汙等汙漬則可用肥皂水、酒精或者玻璃清洗劑擦拭，切忌用硬物刮磨。

　　③ 擺放：在室外放置玻璃家具時應放在一個較固定的地方，不要隨意地來回移動，也不宜擱置太多重物，擱置東西時，要輕拿輕放，切忌碰撞。

❖ 塑膠家具

塑膠家具的化學性質穩定，具有較好的耐磨性。這種材質輕盈，移動起來也十分方便。這些特點使得塑膠家具在陽台中的使用率較高。但若在陽台餐廚中使用，應避免塑膠與高溫物體接觸，以免發生燒熔現象，影響家具的美觀。

優點：小巧輕盈、價格低廉

缺點：要避免與高溫物體接觸

適合類型：休閒型陽台

〈 info 〉

塑膠家具的保養方式

① 去汙：塑膠家具可直接用濕布擦拭灰塵、水漬、油汙等汙漬，發現油汙應及時擦拭乾淨，防止油汙與塑膠發生化學反應，引起變色。

② 擺放：塑膠家具不可長時間接受陽光直射，溫度過高或長期曝曬會加速塑膠的老化，使之變軟，嚴重的會剝落粉化。溫度過低也會使塑膠變硬、變脆，降低塑膠的抗壓性。此外，也應避免沾染一些酸鹼性物質而發生變化。

施展無限創意！增添樂趣的陽台軟裝布置

　　想讓陽台變得更美更繽紛，居家軟裝布置必不可少。這些物件的花費不會很高，裝飾效果卻很好。在陽台上布置一些有格調的裝飾物，一點一點提升居住空間的美感，就能夠讓陽台慢慢接近自己喜歡的模樣。

溫柔舒適的布藝品

　　布料獨有的溫潤觸感，可以為陽台小空間增加溫度，無論是提升空間舒適度的窗簾，還是輕巧的抱枕和地毯，都能夠讓陽台變得溫柔又充滿情調。

❖ 窗簾：遮光、保暖，提升空間舒適度

　　由於陽台是與戶外最接近的空間，做好遮光與保暖才能提升使用時的舒適度。在眾多的居家布置中，窗簾具備了遮光與保暖的雙重功效。其中，百葉簾最為適合，不僅能保護家具、家電，還能調節光線，富有情調，也不會佔用空間。還可以用布簾營造溫馨的居家氛圍，特別是用來擴展室內空間的陽台，若與臥室或客廳合為一體，使用布簾最為適合。

> 💡 **設計小竅門**
>
> 　　要選用材質耐曬、不易褪色的窗簾，其中加厚窗簾對於形成獨特的陽台小環境及減少外界對陽台環境的干擾，更具顯著的效果。

▲ 紗簾遮光，布簾保暖又能遮蔽隱私，雙層窗簾的用途定位清晰。

▲ 天然材質的地毯與家具，和地面材質搭配相宜，為陽台注入滿滿的自然氣息。

▲ 黑白幾何紋樣的地毯豐富了地面「表情」，使陽台的視覺效果更富層次感。

❖ **地毯：緩解地磚的「高冷」姿態**

　　一些運用地磚鋪設的陽台，其地面給人的印象不像木材那樣溫和，甚至會帶有一絲冰冷的感覺，沾上水後還會變得濕滑。若要解決這項問題，最直接的方法就是鋪設地毯。地毯不僅具有溫暖的特質，還能帶來較強的裝飾效果。

❖ 抱枕：形影不離的小夥伴

不管是什麼材質的陽台家具，都有一位「至死追隨」的小夥伴，它們可能會以不同的形狀、不同的色彩出現，但只要它們一來，再冷硬的家具都會變得柔軟起來，它們就是——布藝抱枕。抱枕不光使冰冷堅硬的家具變得溫暖起來，同時也給我們帶來柔軟而舒適的觸感，即使再單調的陽台氛圍，有了抱枕的點綴，也能變得與眾不同。

▲ 亮色的抱枕就像暖陽一般，為陽台小空間增添了溫馨感。

▲ 植物花紋的抱枕與植物融合在一起，令陽台的綠化更有趣。

有趣的燈飾既是照明工具又是裝飾品

好看獨特的燈具不但能起到照明的作用，也是非常棒的裝飾品。即便不用其他東西點綴，一盞出色的燈飾就能凸顯陽台的魅力。

❖ 吊燈：裝飾效果極強的主光源

吊燈常作為陽台的主光源，解決重要的照明問題。同時，垂下的吊燈像垂吊的枝條，散發著柔和的光芒，照亮著陽台，裝飾效果非常強烈。

▲ 簡單的單頭吊燈保證了陽台的主光源。

▲ 多頭吊燈既有照明效果，又獨具裝飾性。

▲ 小燈串作為牆面裝飾，創意感十足。

▲ 在家具和牆面上懸掛
燈串，往往能夠營造
出濃郁的浪漫氣息。

❖ **燈串**：營造浪漫情調的小裝飾

　　將燈串纏繞在家具、欄杆、植物上，或者作為牆面裝飾，都非常不錯。彷彿為陽台帶來神秘的森林系仙境感，非常能夠滿足想要凸顯情調的居住者需求。

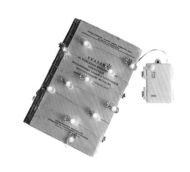

❖ **風燈**：提升空間格調的好幫手

　　風燈也是一種營造陽台氛圍的道具，掛在牆上或者擺放在桌子上，都很有復古情調，也能彰顯出居住者良好的審美情趣。另外，由於質輕小巧，方便隨時拿取，在一些特別的日子裡，也是不錯的妝點小物。

▲ 放置在地上的風燈與燈串、蠟燭的微光相呼應，散發出濃厚的節日氣氛。

▲ 小小的風燈裝飾感極強，為閨蜜間的下午茶時光帶來了浪漫情懷。

❖ 蠟燭：搖曳的光影獨具溫情

雖然蠟燭的亮度不強，但也具備照明的功能。當然，蠟燭的主要功能還是起到妝點作用。在夜空之下，點燃微微燭光，搖曳的光影，既能成就伴侶之間真情的告白，也能成為一人時光的溫暖陪伴。

▲ 燭臺吊燈與小燈串共同成為陽台的照射光源，豐富了天花板的層次感。

▲ 桌面上的組合式蠟燭與地面的蠟燭相互呼應，裝飾感更加一體化。

▼ 裝飾掛盤成為陽台牆面
的吸睛亮點，與小黑板
的組合十分有趣。

▲ 牆面裝飾木版畫，讓陽台的氣氛變得更生動。

不浪費空間又顯眼的牆面裝飾

陽台牆面裝飾即便體積不大，其突出的位置也會給空間帶來一些意想不到的裝飾效果。牆面裝飾在不佔用空間的同時，還能平衡空白，可謂是用小物件帶來了大精彩。

❖ 裝飾性牆面掛飾：增加陽台的靈動性

具有裝飾性的牆面掛飾主要有裝飾畫、小黑板和版畫等類型，由於陽台的面積有限，最好選擇尺寸小的款式。另外，裝飾掛盤、手工編織的掛毯也都是陽台牆面很好的裝飾物。

▲ 用簡單的層板在陽台牆面架設出一個擺放裝飾小物的空間。

❖ **實用性牆面裝飾：**
　　不僅好看，也很實用

　　陽台上具有實用功能的牆面裝飾，最常見的就是各種形態的層架或層板。在層板上擺放書籍，就能打造出一個閱讀小角落；若結合一些裝飾小物，則為陽台塑造出一處小小的景觀，令人停駐觀賞，更能感受居家的情趣與溫暖。

▲ 在層板上擺放喜愛的書籍，在溫柔的日光下靜享閱讀之趣。

擺飾：跳躍在陽台上的靈動小物

　　對空間裝飾愛好者而言，擺飾真是讓人又愛又恨。這些小物件的裝飾效果極強，但擺放不好則會令原本就不大的陽台顯得凌亂不堪。實際上，擺飾品不用太多，選擇合適的幾種做點綴，就能打造出具體的氛圍和生動感。

❖ 園藝工具也能是裝飾品

　　擺放整齊的園藝工具也能給陽台帶來不錯的裝飾效果，如果不想擺放工藝性質的小物件在陽台上，那麼兼具實用性與裝飾性的園藝工具就是你最佳的選擇。

▲ 將多肉植物專用的組合工具掛在牆面上，與字母裝飾品結合，營造出雜貨風陽台。

◀ 只要將鏽跡斑斑的灑水壺隨意放置在地面上，就能帶來滿滿的復古風情。

❖ 生物造型裝飾品還原自然感

　　不知道如何選擇裝飾品來妝點陽台，那麼生物造型的物件一定不會出錯，在綠植花卉旁擺放動物、昆蟲的小物件，非常具有自然感。

▲ 將動物造型的裝飾品穿插在綠植之中，若隱若現間，令人的視線仿若誤入叢林。

▲ 牆面上的鸚鵡裝飾品有畫龍點睛之效，讓陽台花園多了幾分鮮活氣息。

▲ 自然界中的花草枝葉曬乾之後就是絕美的裝飾。

❖ 不花錢的自然素材，裝飾效果卻很好

　　大自然中有很多素材都是很好的裝飾物，如常見的松果、浮木、枯枝等，撿上幾件放在陽台上一起展示，就能輕鬆營造出自然氛圍。

▲ 把自然界中的枯木當作一個座椅，給小空間增添天然韻味。

打造專屬色彩與氣息，讓陽台更富表現力的裝飾藝術

　　陽台不僅是植物的天下，還能讓居家飾品大展身手。居住者可以透過一些裝飾物來烘托出不一樣的氣氛，例如擺上復古的家具和仿舊的動物擺飾，就可以營造出悠閒而別緻的法式鄉村風情。其實，裝飾陽台並不需要大費周章，只需利用一些小巧的裝飾物，就能夠擁有相當生動的陽台藝術景觀。

讓陽台一步步變美的裝飾步驟

步驟一
先設定陽台功能與風格

步驟二
選擇適合的裝飾材料

步驟三
擺放能夠滿足功能需求的家具

透過瞭解空間特點、個人及家庭成員的需求與喜好，確定陽台的基本功能，再結合居家整體空間的風格來設定陽台大致上的裝飾格調。一個空間的風格設定如同寫作大綱，對整個場域具有統籌作用。

陽台裝飾材料除了須滿足防水、防曬、耐腐蝕等基本要求外，還要符合陽台風格，這樣才不會脫離空間主體，使整個空間的基調保持一致，形成視覺上的和諧感。

當陽台走向確定下來之後，根據設定的功能及風格，定位家具的類型、材質及色彩。陽台家具一般以成品家具為主，價格相對較低；若對於陽台的功能性要求較高，則可以結合空間形態訂製家具。

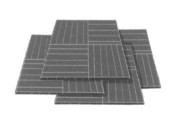

步驟四
用展現情調的裝飾物
來填補空間空白

選定好適合的家具之後，陽台裝飾基本完成了70%。若想讓陽台變得更貼近心中的想像，則需要用抱枕、燈飾、牆面掛飾等來填補空間空白。裝飾物的靈活性較高，天然材質或手工製作都是不錯的選擇。選擇時不用一步到位，可以慢慢添加。

為陽台妝點美麗色彩

　　色彩是空間中重要的美學表現元素，在陽台設計中也不例外。合理的色彩搭配運用到陽台布置中，可以使原本狹小的空間變得豐富多彩，錯落有致，而且選擇不同的色彩會營造出層次多樣的視覺效果。

❖ 將天然色彩與人工色彩相融合

　　與其他空間不同的是，陽台色彩構成往往不是單一的，而是由天然色彩及人工色彩結合在一起而形成，其中植物作為有生命的色彩，變化性非常豐富，所以在布置陽台時，要考慮到將植物本身的色彩、姿態，合理地運用到布置之中。

▪━活力型陽台━

紅色系的出現可以點燃活力，不論是自然花草的紅還是家具的紅，與綠色搭配起來，色彩撞擊效果十分強烈。即使裝飾在角落或牆面，也會為陽台帶來滿滿的元氣。

■—多彩型陽台—■

各種花朵的色彩便能打造出萬紫千紅的姿態。為了避免視覺上顯得過於雜亂，可以選擇黑色、白色或木色的家具，而在裝飾物上就能有豐富色彩的選擇。

■—溫馨型陽台—■

溫暖的黃色是明媚陽光的代言人，與綠色組合，總是能有溫暖到心頭的感覺，不論是花卉，還是裝飾物，都能讓陽台時光變得溫柔又緩慢。

■—清雅型陽台—■

淺藍色系可謂是清新派的代表，單獨使用可能會過於清冷，但與綠色搭配後，就創造出一種可愛又清爽的感覺，營造出獨特的陽台氛圍。

❖ 根據陽台風格，定位色彩搭配

雖然陽台在大多數情況下都以展現自然基調為首選，但由於風格上的差異，色彩搭配並非千篇一律。色彩的魔力就在於能透過不同的組合形式，變幻出讓不同人產生共鳴的心動空間。

帶回本真的 極簡風	閒適淡雅的 日式風	輕鬆自在的 鄉村風	遠離都會的 森林風
配色特點	配色特點	配色特點	配色特點
●○●●	○●●●	●●●●	●●●●
適合人群	適合人群	適合人群	適合人群
不想浪費太多心思打理陽台，更願意享受簡單生活的人	追求平靜安寧，想要有個能夠安靜獨處之地的人	喜歡種植蔬果，願意花費較多時間打理陽台，享受勞動成果的人	厭倦城市鋼筋水泥，想要回歸自然生活的人
家具特點	家具特點	家具特點	家具特點
線條簡練的現代感家具	木質家具、榻榻米	單張座椅、坐凳	藤製、布藝家具
裝飾特點	裝飾特點	裝飾特點	裝飾特點
金屬類裝飾	禪意裝飾	雜貨小物	自然風裝飾
植物特點	植物特點	植物特點	植物特點
大型綠植	藝術感強的植物	蔬果類植物	枝葉茂密的植物

打造專屬個人氣息的陽台小角落

　　一個完整空間的呈現，往往離不開細節的用心。就像玩拼圖遊戲時，我們通常會從一個角落處入手拼貼，當這個角落逐漸成形之後，便有了可以繼續下去的想法和信心。這與在陽台中打造一個具有專屬氣息的小角落有異曲同工之妙，能夠為空間風貌奠定基礎。

━━ 休閒角 ━━

裝飾要點：擺放適宜的家具，用抱枕加強舒適感，並陸續添置一些布藝品，如地毯、沙發巾等；再搭配上小燈串，或者點燃一組蠟燭，讓靜謐的氣氛彌漫整個陽台；亦可擺放上香氛機，滴上喜歡的精油，營造出私人空間的專屬味道。

▪━園藝角━▪

裝飾要點：利用牆面和家具來增加綠植層次，同時還要參考園藝設計手法，將鵝卵石、小柵欄，或者家中廢棄的家具及設備融入陽台角落的設計中，讓屬於自己的陽台園藝一角具有生命力。

━■━閱讀角━■━

裝飾要點：書籍是人類的夥伴，在光線充沛的陽台翻上幾頁書，無論身心還是思維都能得到提升。充分開發放置書籍的區域是營造閱讀角的關鍵，牆面、家具旁都是可以考慮的位置；或者直接在座椅附近放置一個專門收納書籍的竹筐，既不佔空間，也省下了一筆裝修費用。

雜貨與植物相融合的「雜貨風」陽台

　　讓人欲罷不能的雜貨風，非常適合運用到陽台的設計之中，不但能襯托出植物的魅力，還能讓陽台的空間變得立體。雜貨風不同於強調簡約感的無印風，它不是某種單一元素或者風格，而是要考量如何讓不同風格的物品能夠共存。這種風格與生活息息相關，代表著一種美好的生活態度，而不僅僅是物品本身。

適合營造雜貨風的小物件

關鍵字
植物✕復古

┣━━ 融入生活氣息的用品 ━━┫

設計思路1

常見的剪刀、線團等生活用品，能讓人感受到濃濃的生活氣息。

設計思路2

掃帚、鐵鍬等園藝工具不必收納在完全看不見的地方，而是作為道具陳列，以增添生活感。

━ 體現田園氣息的雜貨 ━

設計思路1

清爽的木板與木質家具組成的空間，帶給人十足的自然感，同時，還可以擺放以多肉為主角的小型植物。

設計思路2

藤籃等天然材質的容器或花盆，與小巧的植物可以共同打造出精緻優雅的鄉村情調，讓陽台與自然融為一體。

━ 陳舊、生鏽的容器或裝飾 ━

設計思路

充滿著生機的綠色植物，可栽種在生鏽的小罐裡，或是擺放在陳舊的家具上，這樣一新一舊的對比，在視覺上可以給人強烈的衝擊。

━ 親手打造的塗鴉物件 ━

設計思路

把自己親手製作的塗鴉物件擺放在植物之間，將過往熟悉的氣息與用心製作的塗鴉雜貨交織在一起，瞬間就能提升陽台的整體藝術氣息。

營造雜貨風陽台的技巧

技巧1：
使用木箱
或架子製
造高低差

▲ 將木箱重疊堆放，可以有效利用
空間。同時將白色柵欄設置為背
景，可把植物和雜貨融合為一。

▲ 可以用來收納東西的木頭架子是陽台的必備
道具之一，有高低差地擺放植物，可以確保
植物們接收到的日照更均勻。

技巧2：
隱藏規律堆疊，增加層次性

▲ 透過反覆疊加各個元素，讓整個場景呈現
出豐富的層次感。

▲ 在植物後方放置各種擺飾，能增加縱向的
視覺延伸。

技巧3：
物品的擺放可以
有多個方向

▲ 將裝飾物錯開方向擺放，讓這個
　角落成為襯托植物的可愛舞臺。

▲ 不用把所有的東西都整整齊齊地
　擺放，可以朝向不同的角度，營
　造一種動態感。

技巧4：
保留「瑕疵」，
營造自然感

▲ 用舊的物品特別適合製造這種漫
　不經心感。但要避免使用過多，
　以免給人雜亂無章的印象。

▲ 生鏽的園藝工具彷彿有種破舊的
　美感，與充滿生機的植物相襯，
　反而增加了些許趣味。

技巧5：
偶爾以亮色點綴，
創造活躍氛圍

▲ 花園整體上選擇了顏色樸素的物
　件。為了不讓氣氛平淡，透過紅
　色的花朵給空間增加一點亮色。

▲ 以白色為主調的陽台，擺上藍色
　花器後多了色彩的變化，使整體
　空間變得活躍起來。

■ **Chapter 2** ──────────

運用花草蔬果
打造休閒又美觀
的綠意庭園

想讓家中的陽台撐起一片綠蔭，
想讓花香時刻環繞在陽台空間。

心血來潮買上幾盆花草或蔬果，
以為童話花園在家中就此實現，
然而現實往往讓人無奈或失望。

若要實現夢想中的花園或菜園，
享受大自然的美妙饋贈，
瞭解植物的栽種常識與技巧很重要。

根據陽台朝向，選擇適合栽種的植物

　　陽台的朝向不同，帶來的環境感受也不相同。不管是西向的「日落西山」，還是東向的「旭日東升」，都有著各自獨特的魅力。正因如此，對於不同朝向的陽台，在布置與設計上也存在著不同的要求與祕訣。

上午光線好的東向陽台

　　可以看見太陽升起的東向陽台，屬於半日照環境，擁有一上午的日照，日光比較溫和，下午只有非直射光線，夏季的光照比冬季強烈。

❖ 東向陽台適合短日照植物

　　東向陽台的半日照環境可以滿足一般植物對直射光的需求，且能避免灼傷植物，適合種植短日照植物和較耐陰的植物。另外，東向陽台的水分蒸發不如西向陽台大，適合栽植怕缺水、葉較細的盆栽。

> 日照指數：★★
> 日照時間：上午3～4小時
> 光線類型：直射光

❖ 東向陽台應防止植物發生凍害

　　對於喜溫畏寒的花卉，需要搬入室內過冬或者加蓋防護罩保暖以防凍害；對於耐寒性較好的花卉，也應在嚴寒天氣時套上塑膠膜或塑膠袋保暖。

適合東向陽台種植的植物

含笑花

含笑花的香味清香濃烈，綻放時整個家都能聞到香氣。

香草

香草的香味可以驅除害蟲，與其他植物一起種植能防治其他植物的蟲害。

尤加利

種植尤加利有個好處，只要吊掛在通風乾燥環境中後，就能成為乾燥花材。

橡皮樹

又稱印度榕，剛長出來的時候是紅色的芽狀，綠葉中帶著一點兒紅，兩到三週後慢慢舒展開來，十分有趣。

水晶掌

多肉植物，對陽光比較敏感，須放在半陰處，葉面碧綠透明，宛如晶瑩翡翠，十分可愛。

熊童子

多肉植物，葉片前端紅色的凸起，狀似小熊熊掌，圓潤肥厚的外形十分可愛。

全日光線充足的南向陽台

南向陽台是所有陽台中朝向最完美的，對於喜愛園藝的人來說，它具有較多的優勢。南向陽台光線充足，全天有陽光，且四季都不受日照時間的影響，通風條件也好，十分有利於植物的開花結果。

❖ 南向陽台適合全日照植物

在住家附近無高大建築物遮蔽的情況下，相當於擁有全日照的栽種條件，適合栽種耐曬、對光照要求強的全日照植物。

❖ 南向陽台栽培植物時應勤澆水

充足的光照是南向陽台的特點，但在實際栽種植物時，應當注意水分是否蒸發太快，並且隨著季節調整澆水的次數。夏季酷暑時期，可能須對植物進行適當的遮蔭處理。

日照指數：★★★

日照時間：一整天

光線類型：直射光

適合南向陽台種植的植物

五彩觀賞辣椒

辣椒能夠透過水和風自行授粉，所以擺在通風的窗邊更容易開花結果。

古紫

多肉植物，葉子呈深紫色，日照越多，葉色越濃。

細葉榕

小小的葉子，葉片肉厚而有光澤，色彩漂亮濃郁，特別適合新手種植。

酒瓶蘭

如酒瓶般隆起的樹幹，從枝幹上部垂下細長葉子，外觀很有特色，十分討喜。

粉雪

多肉植物，胖嘟嘟的葉子遇上冷空氣便會變白，如同覆蓋了一層薄薄的細雪。

鑽石月季

雖然嬌小，卻不失傳統月季的芳香馥郁，種在陽台能讓人感受滿園競放的生機感。

下午光照充足的西向陽台

　　西向陽台屬於半日照的環境，主要日照集中在下午，且是強烈的日照，往往將陽台曬得很熱，容易使陽台的溫度飆升，夏季更為明顯。西向陽台適當配置觀葉、觀花、觀果和藤本植物，能獲得較好的觀賞效果。此外，為使陽台四季有景，應搭配不同季節的觀葉植物。

❖ 西向陽台適合耐熱的植物

　　下午會出現西曬的問題，植物生長容易受限，因此在選擇植物時，應挑選多肉類、仙人掌類或木本類等耐熱、耐旱、喜陽的植物類型。

❖ 西向陽台應幫助植物適當降溫

　　西向陽台的植物盆栽水分蒸發較快，建議使用較大型的花盆和保水性較好的盆栽專用土來保濕。夏季時期，整個陽台的溫度頗高，必須幫助植物降溫，順利度過夏天。另外，夏季西曬嚴重，可以採用平行、垂直的綠化方式，使植物形成綠色簾幕，遮擋烈日直射，起到隔熱降溫的作用，使陽台形成清涼舒適的小環境。

日照指數：★★
日照時間：下午3～4小時
光線類型：直射光

適合西向陽台種植的植物

長生草・月光

多肉植物，遇寒葉子會變得鮮紅，非常漂亮，遇暖則又恢復原色。

繡球花

花形豐滿，大而美麗，其花色多樣，令人賞心悅目。

尼古拉鶴望蘭

由於體形較大，一般都放在轉角處或角落，不擋路的同時還有向上延伸的感覺。

仙人掌

仙人掌雖然經常受到忽略，卻是有絕佳觀賞作用的植物，也往往是懶人必備的好照料植物。

地瓜

地瓜沒有直接照射到陽光也能生長，但在陽光充足的地方長得更好。

大蔥

大蔥對光照要求很低，西向的陽台也可以栽種。

沒有直射光線的北向陽台

　　北向陽台的光照條件是四個朝向的陽台中最差的，全天幾乎沒有直射光照。僅靠散射光線對於多數植物來說顯然不足，因此，這樣的日照環境對植物而言可說是極具挑戰性。

❖ 北向陽台適合耐陰植物

　　北向陽台的日照條件差，栽植最好以需光量少、喜潮濕陰涼的耐陰植物為主。常見的開花植物如果缺少了光照會比較難生長，因此，觀葉植物以及苦苣苔科的觀花植物較為適合。

❖ 北向陽台遇到壞天氣應搬移植物

　　北向陽台的風勢較強，必須注意盆栽是否會快速失水，應根據氣候調整澆水的次數。當遇到寒流時也容易出現失溫的現象，應及時將植物移至室內。

日照指數：★
日照時間：幾乎沒有直射光照
光線類型：散射光

適合北向陽台種植的植物

麗娜蓮

多肉植物，淡紫色的葉子像一個巨大的花朵，長出花莖後會開出小巧如鈴蘭的花，葉子會變成濃郁的粉紫色。

豆芽

把綠豆或黑豆放在通風陰涼的陽台上，只需要經常澆水就能長出好吃的豆芽。

達摩福娘

多肉植物，有種特殊香味，特別是澆水時會散發得更加濃郁。

洋蔥

將洋蔥放進水裡栽培，長出的嫩芽既能裝飾也可以食用。

虎尾蘭

雖然是常見的平價植物，但是也能輕易搭配出高級感。少澆水，不怕冷，即使沒有陽光也能存活很久，照顧非常方便。

琴葉榕

它是一種格調高雅的植物，翻開一些北歐家居雜誌，都會有它的身影。琴葉榕需按時澆水，多曬太陽。

專題

試試讓植物「混植」，打造共生環境

在陽台種植植物時，受限於空間的狹窄，但又想擁有豐盛的花園，有一個好辦法可以解決，那就是——「混植」。植物的混植就是將不同的植物組合在一個盆器裡共同生長，以此打造出整體存在感極強的效果，相比單獨一盆一盆地擺放不同種類的植物，在一個盆器裡展現多種植物，這對於面積較小的陽台而言，是極具創意的栽種模式。

植物混植

植物的混植有兩種類型，一種是以高、中、低三個層次分層栽種；另一種是放任其繁茂生長，成為半圓形的外觀。

❖ 以高、中、低進行分層

最簡單的理解方式就是像臺階一樣安排植物，個頭最高的植物放在最後面，個頭較矮的放在最前面。但需要注意的是切勿把植物種植在一條直線上，稍微調整角度會顯得更自然。

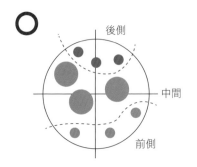

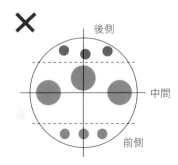

❖ 任其繁茂生長，形成半圓

　　進行混植時，最重要的是要找到畫面結構的中心點，將植物配置於正三角形頂點或對角線上，形成半圓形。

正三角形的配置範例

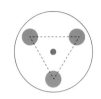

對角線上的配置範例

▲ 藍紫色的三色堇與深綠色、嫩綠色的植物相搭配，便可進一步展現深度。

▲ 以彩葉植物作為主角，種植在黑色盆器中，營造出自然的氛圍。紅色與銀白色的搭配可使人聯想到秋季紅葉。

▲ 聚集色調沉穩的植物，搭配色調較深的褐色盆器來營造氣氛。此搭配中應避免選擇色彩過於明亮的植物，僅以大葉面的植物平衡緊密的感覺。

▲ 運用紫色、玫紅色、黃色、銀色來展現節日般的氣氛，同時在前側種植串錢藤，協調盆器的層次感。

多肉組盆

多肉植物的體積比較小，單獨一盆盆地擺放會顯得雜亂又抓不到重點，因此常以「組盆」方式呈現，也就是將習性相同的多肉植物組合在一個大盆器裡，既好看又節約空間。多肉組盆其實沒有過多的原則和要求，對於新手而言，最簡單的方法便是將科屬相同的組合在一起，換言之將生活習性相同，對於需水量、光照度或溫度要求相似或相近的多肉植物栽種在一個盆內，比較容易養護。

▲ 運用不同色彩的多肉，組合出活潑、亮眼的效果。

▲ 環形花器本身非常搶眼，密植上相同色系與花形的多肉，給人低調的美感。

▲ 白砂、枯木與多肉的組合，帶來富有韻味的日式感。

關鍵詞
物以類聚

▲ 把較大型的多肉放在上面，比較小的多肉放到下面，由上到下形成階梯狀的層次感，即使放在非常小的容器裡，也具有不錯的觀賞效果。

▲ 將體形較大的多肉先置入盆器，再用細碎的小花填入空隙，層次感強烈。

花草遊戲！用綠化技巧讓陽台變成美麗花園

在陽台種植花草是一件十分有趣的事情，彷彿是與花花草草玩一場遊戲，是讓花草開在地面，還是凌空而起、出其不意？都是遊戲中可以設計的關卡，通關之後，就能收穫一個綠意滿滿的祕密花園。

基礎版：擺盆式與花壇式

擺盆式綠化：比較靈活、簡易，也是普遍採用的陽台綠化方法。只要將各種盆栽按大小高低順序擺放在陽台的地面或放在陽台護欄上即可。

▶ 在陽台一角將植物盆栽依前低後高擺放，形成高低錯落的層次感。

▲ 在木箱中栽種綠植花卉，形成自然的陽台景觀。

　　花壇式綠化：即採用固定的種植箱栽種花花草草。種植箱可以是單層的，也可以是立體的。一般是在陽台的地面、水泥臺上或在邊緣的鐵架上，架設大小適宜的條形木箱、水泥箱等，中間放土種花。需要注意的是，種植箱要有一定的深度。

⟨ *info* ⟩

種植箱的安置形式

　　種植箱分落地式和懸掛式兩種。懸掛種植箱的固定架可用小型角鋼或厚扁鋼等製作。落地擺放的種植箱用於鏤空式長廊陽台時，可讓花草枝條從鏤空處垂掛下去，形成一道綠色的風景線。

進階版：花架式與壁掛式

花架式綠化：即利用立體化的多層或階梯式花架放置花花草草，陳列盆花或盆景。花架式綠化最大的優點是能夠有效節省陽台空間，利用花架或其他可分層擱置種植容器的家具或物品，將盆栽分層擺放，縱向進行陽台植物的布置。

◀ 大大小小的紅陶花盆利用木製花架進行收納，既不顯凌亂，還有了視覺上的變化。

⟨ info ⟩

植栽擺設要考慮整體性

　　進行花架式綠化時，應注意植物的擺放要考慮整體效果，搭配形式應根據不同植物的特點、形狀姿態、生長習性等進行整體性考量，營造出整齊又不單調的陽台植物景觀。

花架選擇應適合陽台形態

　　花架應與陽台空間的大小相適應，寬窄、高低能夠滿足使用功能。如果花架太大、太高，會侵佔陽台活動空間，讓人產生壓迫感，並增加養護難度，且遮擋視線，影響陽台植物的通風、採光；如果花架過小、過矮，則影響植物數量、大小、種類，且不利於植物生長，達不到景觀效果。

▲ 在簡單的金屬格柵上懸掛盆栽，栽植上小型盆花，既浪漫又美好。

▲ 根據陽台一側牆面的大小設置相宜的木格柵，懸掛形態各異的綠色植栽，打造出綠意盎然的陽台景觀。

　　壁掛式綠化：將盆栽懸掛於固定在牆面的格柵上，這種布置方式適用於空間較小的陽台，與花架式綠化相比，它能節省佔地面積，留出更多活動空間，同時也能夠豐富陽台空間。壁掛式綠化在植物造景方面適合觀花和觀葉植物，如吊蘭、綠蘿、矮牽牛、四季秋海棠、太陽花等。

高階版：懸垂式與藤棚式

懸垂式綠化：指利用吊盆植物進行陽台空間的裝飾，比較適合小面積陽台，增添立體感。種植的花草一般都是枝葉自然下垂、蔓生或枝葉茂密的觀花、觀葉種類，如吊蘭、常春藤、佛珠等。採用懸垂式綠化時，要注意各個吊盆外觀上的構圖和色彩搭配，可採用多個吊盆高低錯落的布置方式，也可用2～3個吊盆串起，上下連在一起，增加空間的美感。

藤棚式綠化：是陽台立體花園的重要形式，能使蔓生花草的枝葉牽引至架上，形成遮蔭柵欄或遮蔭籬笆，從而形成獨特景觀。另外，懸掛在空中的盆栽也不會影響中下層陽台的使用。種植的植物最好為枝葉能夠下垂的類型，使其枝葉從空中展開，如金銀花、蔦蘿、牽牛花、葡萄、紫藤、常春藤等。

▲ 將植物懸吊在天花板，與長線燈交織在一起，營造出文藝風的裝飾效果。

▲ 利用藤棚式栽種紫藤花，自然下垂的花枝隨風輕搖，帶來的陣陣芳香沁人心脾。

達人版：組合式

組合式綠化：將花架式、壁掛式以及其他布置方式合理搭配，形成較好的景觀效果。組合式綠化可以讓多種布置方式的植栽，相互襯托與互補，並形成絢麗繽紛的陽台景觀。

▲ 組合花架式和壁掛式的兩種方式，來打造綠意的一角，手法雖簡單，裝飾效果卻不俗。

以植物造景，打造陽台的獨特景致

　　陽台種植花草的精髓不在於多，而在於美。滿目的花花草草可以陶冶心性，使人的心情更加放鬆。而帶有小巧思的花草種植方式，則能夠還原室內的無限美景。在此與陽光相伴，與花草相偎，忘卻窗外的車馬喧囂，讓內心沉澱，享受靜謐的好時光。

花草造景藝術，為陽台增景添色

　　在陽台種上花花草草，創造深邃的意境，打造四季不同之景，這不失為生活中一樁美事。一盆盆吊籃如球，一個個掛盆如鐘，陽台上花草綠植錯落有致，枝條、葉莖、花朵與窗外、窗內的景色融為一體，呈現出的是綠意盎然的美好景象，小小的陽台就這樣靈活生動起來。

❖ 花草做主角，營造陽台綠意角

　　無論是造型優美的盆景，還是葉形獨特、花色豔麗的草木，只要合理佈局在陽台視線的交會處，就可以成為人們關注的焦點。這種利用色彩或造型突出的花草聚焦人的眼光，並作為陽台局部的主景手法，可以營造出一處綠意角。

▶ 利用形態各異的綠色植栽，
　營造出陽台的主要景觀。

❖ 用花草打造中式園林

　　利用花草佈局，能令陽台景觀形成中式園林中「對景（視線延伸的終點上有一定的景物作為觀賞對象）」、「障景（用來遮蔽視線或促使視線轉移的屏障手法）」的效果。例如，在居室通向陽台的銜接處對植同一樹種、同一規格的樹木，也可以在一邊擺放一株較大的綠植，另一邊擺放兩株較小的綠植，形成自然式的對植。這樣的布置一方面能夠引導人們的視線，另一方面也能發揮隔景的作用。

❖ 花草可以讓陽台更富層次感

　　一般情況下，陽台空間往往比較狹長，為了增加空間層次和景深，可以利用花草在空間上進行適當的分隔。例如，將盆花或籃花懸吊在陽台的上端，讓花草的枝條自然地下垂生長；或將花草用盆器種植，直接擱置在陽台欄板上或地板上，或做成梯式花架。這樣的布置方式，可利用花草與花草之間，或者花草本身枝葉的間隙形成「夾景（於主景前方從左右兩側設障礙物）」、「漏景（從框景發展而來，使景物若隱若現的手法）」。如果是高層住宅，透過懸吊在陽台頂面的花草枝條，遠眺窗外，還可以達到「框景（透過框洞賞景的造景手法）」和「添景（為視覺空間的過渡景觀）」的視覺效果。

▲ 利用落地式和懸吊式綠化使陽台角落形成漏景效果，若隱若現、含蓄雅致。

▲ 幾何構造的分隔欄將露臺上的景色組織在視線之中，形成很好的借景效果。

◀ 水池旁栽種多樣
化的小型綠植，
為親水空間注入
更多生機，可謂
移步換景。

❖ 花草做背景，襯托陽台景觀

　　如果陽台上設計了假山、水景等景觀，還可以選擇一
些植株較小的花草或者水生植物，布置在假山及水景周
圍，如此一來，能夠更加襯托出這些景觀的藝術效果。

⟨ info ⟩

陽台花草植株的高度選擇

　　普通樓層的層高一般約2.8～3.2m（依目前建築法規，室內高度最高不得超過3.6m），考慮到花草生長
所需的光照、通風等自然條件，層高對花草的高度將會有所限制。普通陽台的植株高度應控制在2.8m以下
（若是複層式構造的樓層，植株高度可適當放寬），但考慮到陽台建築本身的面積、承重等因素，種植土層不
能太厚，宜選擇淺根系、多鬚根、非直根系的草本植物及灌木，如平安樹（蘭嶼肉桂）、橡皮樹、發財樹（馬
拉巴栗）、鵝掌葉以及各種草本花卉等。

花草為欄杆和牆面帶來生機

有些家庭的陽台欄杆不夠美觀，但又不想大費周章地拆除時，不妨運用本身就很美的花草妝點，既掩藏了缺陷，又讓花草有了攀緣或伸展的地點，一舉兩得。而讓花草攀上牆面，能夠讓原本感覺平面的陽台空間變得更立體。

❖ 用花草妝點陽台牆面的方法

在牆面上裝飾花草是將平地上的花園轉移到了牆面，這種將花草裝飾在牆面的形式能夠為陽台節省出不少空間，而且具有很強的裝飾性。另外，牆面花草的裝飾形式非常多樣化，針對不同形狀的花盆會有相應的牆面花架。最常見的是在牆面固定木板，這樣的形式適合所有的花盆；也有的花盆本身自帶掛鉤能夠懸掛在牆面上；還有攀緣性的植物，它們可以自己在牆面上攀緣生長。

💡 **設計小竅門**

用一些小巧又好看的掛鉤將花器、工具裝飾在牆面的格網上，除了固定用，同時有美化效果。

欄杆上的掛鉤，需依照欄杆的粗細進行選擇。

這種掛鉤要用螺絲固定在物體上，比較牢固。

一般家裡常用的S形掛鉤就很實用，樣式也好看。

▲ 以大量爬牆虎裝飾的牆面，顯得鮮翠欲滴，將露臺空間營造得生機盎然。

▼ 牆面木板結合小型綠植的方式，最具自然感，溫馨感也十足。

▲ 原本毫無裝飾感的陽台欄杆,利用懸垂式綠色植栽立刻營造
出一個生機盎然的休閒角落。

❖ 用花草妝點陽台欄杆的方法

　　陽台欄杆從上到下都能夠裝飾植物,欄杆腳
下可以放置盆栽,欄杆上可以懸掛小花架,一些
攀緣性植物可以順著欄杆攀爬,蔓性植物下垂的
枝葉也可以遮擋住欄杆的形態。另外,在欄杆上
裝飾植物,要考慮植物本身的形態與欄杆的搭配
效果,具有明顯反差的色彩能夠使陽台環境更加
立體,也能夠襯托出植物本身的特點。

▲ 在陽台欄杆上擺上各式各樣的花
草盆栽,與地面上的盆栽形成協
調的裝飾效果。

延伸閱讀

　　陽台的環境有限，為了能夠欣賞到更多的植物，要利用不同植物的高度及寬度特點，將不同植物適當地展示在陽台中。另外，植物的整體布置一般會分三個層次進行，層次過多，則使陽台顯得擁擠。布置時，應將較高的植物栽種在陽台外側，或利用植物的攀爬性使其攀附在牆面上。

・可以強調縱深的植物

斑葉芒草：帶有花斑的葉子看起來輕盈可愛，隨性的葉條很有自然的氣氛。

迷迭香：散發著清爽香氣的葉子和常綠的狀態，給人帶來活力感。

紫花野芝麻：直立的枝幹帶有簡潔幹練的美感，淡紫色的花朵又有著裝飾的效果。

高大腎蕨：寬大葉面和散狀造型，在視覺上顯得茂盛濃密。

鐵絲網灌木：看起來像是枯死的植物，彎曲的樹枝、深綠色葉子和硬刺是其特徵。

・橫向伸展的植物

花葉蒲葦：垂下的枝條有柔和的美感，很容易就在空間中鋪展開來。

黑麥冬：黑亮的葉子有著與眾不同的植物色彩，橫向生長的特點十分適合狹窄的陽台。

千葉蘭：小小的圓盤鑲在下垂的枝條上，形成天然的簾幕，能夠自然地填滿空間。

在陽台上輕鬆建出漂亮水景

　　喜歡與水親近的人往往會有一個打造水景生態的夢想。水景是花園景致的靈魂，在陽台上開闢一小塊水池，可以隱藏在花草中，也可以是單獨的一處疊水景觀，在其中放置奇形怪狀的石頭充當假山，再利用形象人物或者精緻的小橋進行點綴，這樣一處水景，既烘托了環境的意境，又增加了陽台的趣味性。

陽台水景的呈現步驟

　　雖然在面積較小的陽台上設計的水景無法與室外公園、庭院的景觀效果相提並論，但如果巧妙地運用水池、假山和植物，一樣能營造出「小中見大，一目了然」的水景效果。

❖ 水景材料的選擇

　　假山的材料以石材為主，主要包括湖石（即太湖石）、黃石、青石、石筍、木化石、松皮石、石珊瑚等；水池的材料一般以磚、卵石、自然面石材為主，用水泥砂漿砌築而成。另外，材料的選擇要體現設計意圖，體積不能過大也不能過小，比例應與陽台空間相協調。

木化石　　　　太湖石　　　　石珊瑚

松皮石　　　　卵石

❖ 水池的砌築

　　水池的砌築是在陽台的地面上進行的，作為蓄水之用，因此基層的防水處理很重要，在砌築之前必須對陽台地面進行防水處理。砌築用的水泥砂漿應加入抗滲劑，水池內部的接縫處應塗刷防水塗料，以免造成滲漏，給樓下住戶的生活帶來不便。另外，水池的底部可以用卵石或自然面的石材鋪貼，牆體用紅磚或者大塊的卵石砌築，這樣建造出來的水池在視覺上凹凸不平、自然樸素，增添了樂趣。

水池附近防水的高度最好高於30cm，厚度最好刷到1.5mm。

水池可以砌在排水口附近，利於後期水池的排水。

水池磁磚的填縫材料也要確保具有防水性。

❖ 假山的製作

打造陽台假山要認真構思其結構、立意以及素材的搭配，除了堆築的技巧外，藝術性也很重要。堆山時，石材不可過雜，紋路不可過亂，塊料不可過於均勻，接縫不宜過多；結構上應有層次變化，脈絡一致；構圖上應主客分明，相互呼應；意境上做到山水相依，相映成趣，寄情於山，情景交融。另外，陽台景觀所需的假山體積不能太大，如果過大勢必影響植物的種植、家具的擺放，還會佔據活動空間。

❖ 水循環系統的安裝

山水是自然景觀的主要組成元素，假山、水池的結合能構成有自然情趣的景觀環境。水循環系統的安裝對於營造美妙的水景至關重要。水池內、假山上的噴水池、小瀑布的回水方式採用的是自循環系統，即採用一個抽水泵，將注入池內的水抽送至瀑布的源頭或噴頭處，形成疊水景觀，水再回落到水池內，這樣周而復始循環往復。

在陽台上打造自然水景也需要水循環

過濾器
排除雜質

增氧器
養護水中植物

循環水泵
人造雨水

好看不亂的植物布置技巧

　　將陽台打造成綠意盎然的花園，不可避免地要放置多樣化的花草植栽，但若擺放時毫無章法，不僅無法帶來美觀的效果，還會令陽台顯得雜亂不堪。不妨學習一些好看不亂的植物布置技巧，為塑造美麗的陽台提前做足準備。

技巧1：
沿著牆壁擺放，
佈局輕鬆又方便

　　如果陽台格局不太方正，或者有很多角落空間，為了不影響平常行走與活動，花盆擺放可以沿著牆壁排列，這樣視覺上會有更整齊、統一的效果。但要注意花盆數量不宜過多且體積不宜過小，否則會有凌亂感。

▲ 沿著牆壁擺放花盆，不會阻礙日常通行，同時能製造出花園般的自然感。

▲ 在陽台角落放置立體花箱，可以栽種多樣化的花草蔬果，增加綠化面積。

技巧2：
狹小空間裡避免小花盆並排

　　在狹小的陽台放置植物時，不要把幾個小型的花盆並列擺放，可以用大一點的箱形盆器將不同植物集中放在一起，這樣會比較醒目又不會顯得鬆散。

▶ 利用一些小道具將角落裡的植栽打造出高低錯落感，豐富視覺上的層次性。

如果只是把花盆排列在一起，又不想用大的花箱統一，就會給陽台帶來凌亂而平淡無奇的感覺。但如果能夠製造高低差，陽台景觀就有了立體感，空間也會隨之活躍起來。如果有不透光的陽台圍欄擋住陽光，那麼製造讓植物可以沐浴日光的高低差更是必不可少。

💡 設計小竅門

能夠打造高低差的「神器」

層板、吊繩：製造高低差最簡單的方法就是把植物掛起來，立刻就能有高低差，使空間變得立體。

矮凳：小巧靈活的矮凳，不僅可以供人休息使用，也能夠將花卉盆栽擺在上面，製造高低差。

花架：市場上的園藝用木質架台大多經過防水處理，大家可以根據自家陽台的空間選擇不同尺寸、高矮的花架擺放。

花台：鐵製的架台不論在室內還是室外都很適合，植物放在上面會很顯眼，整體的裝飾效果也非常突出。

技巧4：
以角落為單位打造
吸睛空間

方形的陽台空間裡，角落可以說是整個布置的重點。因此在選擇植物時，可以先設定一種植物作為視覺中心，再從這個植物四周由高而低布置，或由前而後布置，並利用高低不同的枕木或者木塊來增加角落放置植物的空間，同時也有裝飾感。

視覺
中心

技巧5：
利用小物件填充零散空間

　　擺放植物時即使擺得再緊湊，也會有零零星星的空隙，看上去總會有稀疏的感覺。又或者地面已經排滿了盆栽，可是由於植物生長狀態的不同，上半空間與下半空間相比顯得鬆散，造成頭輕腳重的觀感。這時候可以選擇一些小的裝飾物件來填滿這些空隙，即使只是一個小擺飾，也能發揮意想不到的裝飾效果。

▲ 陽台綠意角的布置非常靈活，綠色植栽和裝飾物之間的搭配疏密有致。

技巧6：
主角以外的角色儘量簡單

　　陽台花園或菜園雖然空間有限，但在這裡植物才是主角。所以，植物以外的角色，例如家具、裝飾品等最好不要過於花俏，風格應儘量簡單。這種簡單不光指造型上的簡潔感，配色上也要儘量以沉穩的色彩為主。

▲ 在花草之間運用小鳥裝飾品進行妝點，令花架的裝飾性更高，且更加生動。

▲ 桌椅的色彩與植物以及盆器的色彩接近，可突顯陽台花園的特徵。

▲ 簡單一張桌椅，沒有過多家具，陽台花園的觀感就很強烈。

技巧7：
植物氛圍要與
陽台風格吻合

　　植物與人一樣，都自帶不同的氣場，特別是開花的植物。有的濃烈熱情；有的清新淡雅；有的樸素優雅；有的個性隨意；有的充滿了女性溫柔的氣息；有的又硬朗得如男性一樣。根據陽台的風格選擇相同氣場的植物，才能讓陽台變得更加美觀。

▲ 生機盎然的鮮花與桃粉色家具相搭配，營造出優雅可愛的女性化陽台氛圍。

▲ 陽台的氛圍自然且充滿活力，選擇體型較大的綠色植栽最能展現清爽舒暢的感覺。

▲ 造型方正、直線條的陽台家具帶來嚴謹而又認真的氣氛，而直立型、葉少、色彩淡雅的植物也給人相同的感受。

延伸閱讀

　　陽台的清潔工作相對其他空間而言更加重要，不論是封閉式陽台還是開放式陽台，放上花草植物之後，日常的澆水、修剪等都會產生垃圾，如果不及時處理落葉或澆水後產生的水漬，落葉容易腐爛招致蚊蠅，水漬則會讓地面看起來更髒，所以陽台的清潔也是至關重要。

1. 提前做好排水措施

　　如果在陽台上提前設計了排水口，那麼陽台的清潔工作就會變得非常輕鬆。可以直接用水沖洗地面，但要注意的是，排水口的位置要略低於四周高度，這樣才能順利將水排出去。

2. 將盆栽抬高

　　盆栽在地上放的時間久了，就會產生黑色的汙垢，不僅難看還很難清理乾淨，最有效的辦法就是把盆栽都抬高。也可以利用花架或家具，使盆栽與地面保持一定距離，這樣就不需要將盆栽一一抬起再打掃地面，非常方便。

3. 利用植物或柵欄抵禦風沙

　　風沙大的地方，有時候白天開著窗戶，晚上回到家，家具都會有一層薄灰，至於紗窗則兩三天就積滿了灰塵，對於最靠近外部的陽台而言，更是灰塵的重災區。為了減少灰塵的侵擾，可以利用柵欄或高大的植物作為阻擋，一定程度上可以減少室內灰塵，如此一來，也不用天天去打掃陽台。

4. 將容易落葉的植物放在容易清理的地方

　　擺放植物時，儘量將不容易枯黃落葉的植物放在角落，而容易落葉或較常開花的植物則放在顯眼又容易打理的地方，這樣掉下來的花葉就不會掉落在不好打掃又容易忽略的角落處。

挑選得意幫手！花草植栽容器大集合

　　種植花草需要栽培容器，最常見的無疑是各種材質及形態的「花盆」，有時小小的花盆不僅可以栽種花草，本身也是一件好看又好用的裝飾品。而想要栽種大量花草時，則可以選擇「花箱」，為陽台打造一處移動小花園。

花盆：最常見的栽種容器

　　對於植物而言，花盆便是它們的家，也是打造陽台花園必不可少的幫手。所以花盆容器的選擇非常重要，除了要考慮花盆本身的設計以外，還要考慮到花草蔬果種植的條件。

〈 info 〉

關於花盆的尺寸

　　花盆尺寸常以「口徑」區分（以盆口外徑為主），並以「寸」與「尺」的單位表示口徑大小，1寸＝約3公分，1尺＝約30公分。例如，2尺3代表口徑為69公分。

❖ 花盆的種類

普通盆

口徑和深度相等。一般用普通盆種植植物就可以滿足需求。

標準盆

深度和口徑幾乎相等，任何植物都可以使用。

深盆

深度大於口徑，適用於根系較長的植物。

平盆

深度是口徑的一半，適合橫向生長且根系較淺的植物。

高腳盆

比普通盆或者平盆多了個底座，較有立體感，可與普通盆搭配使用，裝飾效果比較突出。

矮盆

盆的深度大約是口徑的1/3～1/2。它能裝的土比較少，適合喜歡乾燥環境的植物以及多肉植物之類的小型品種。

方盆

四邊形花盆。樹脂材質的類型比較輕巧結實，適合家庭使用。

吊盆

為了充分利用垂直空間而製作的盆器，可掛在牆上，很適合種植藤本植物或枝條下垂生長的植物。

❖ 花盆的材質

花盆的材質不同，其透氣性、透水性和耐久性都會不一樣，最好根據植物的生長狀態來選擇。另外，買盆的時候要確認盆底有沒有排水孔，初次栽種植物時，推薦使用盆底有孔的容器。

素燒盆

透氣性、透水性較好，較易培育植物。

塑膠盆

輕巧結實，透氣性稍差，幾乎可種植所有植物。

低溫盆

比素燒盆質地硬，透氣性和透水性都不太好，較易損壞。

白鐵盆

用久了會出現鏽跡和汙漬，適合復古格調的布置。

樹脂盆	苔盆	木箱	陶器
比塑膠盆結實且不容易壞，裝飾感較好。	彷彿外部長滿青苔的素燒盆，透氣性好。	排水性好，但浸水會變重，耐久性較差。	重且易碎，多用於在室內種植蘭花類及觀葉植物。

❖ 花盆的風格

現在市面上的花盆風格多樣，在設計和材質上都有非常多的類型。為了配合不同風格的陽台布置，居住者可以自由選擇自己喜歡的樣式。

鄉村風花盆	傳統風花盆	創意花盆	簡約風花盆
斑駁的痕跡，帶著嚴肅而穩重的氣息，給人濃厚鄉間純樸感。	帶有傳統感的材質與造型，溫潤優雅，裝飾效果內斂含蓄。	擁有各種奇怪形狀的花盆，絕對是陽台上最獨特的裝飾。	素雅無紋路的花盆，僅以材質與形狀表現特有的簡約感，十分適合現代感的陽台。

花箱：陽台上的「移動花園」

花箱也是陽台花園必不可少的栽植容器，它的特點是使用簡單，便於搬運，材質多樣化，並且美觀大方，易於組合擺放，有著「移動花園」之稱。因為陽台種植的植物以小型喬灌木、花卉植物為主，用於觀葉、觀花、觀形，所以在花箱的選擇上應儘量以小巧別緻為原則，才能與所種植物相得益彰。而材質選擇上則可以考慮輕便、易於挪動和擺放的類型。

▲ 放在角落的花箱為陽台帶來立體式綠化效果，新意十足。

防腐木花箱

塑膠花箱

實木花箱

防腐木花箱：由普通木材經過人工添加化學防腐劑後製作而成，具有防腐蝕、防潮、防真菌、防蟲蟻、防黴變以及防火等優點，非常適合室內種植植物之用。同時，其組裝簡單、輕便，易於擺放，且樣式多、選擇性高。

塑膠花箱：主要用回收的塑膠加上木粉、秸稈等其他輔助材料加工而成，優點是加工方便、質輕、結實耐用，且不易腐爛、無蟲蛀，已成為主要的木材替代品。

實木花箱：優點是質感好、品味高。但重量較重，缺點是油漆脫落後易腐爛、發黴。

DIY手冊1：
從廢品到花盆的華麗變身

希望自家陽台的擺設更富有創意，因此想要摒棄造型中規中矩的花盆，但又不想花大錢購買特殊造型的花盆嗎？只要善於利用身邊不起眼的舊物，動動手，就能將它變成好看的花盆。比如，吃完東西後的空罐子，原本恐怕只會被當作垃圾處理掉，但如果貼上漂亮的貼紙，用鐵鍊連接，就能變成帶有懷舊感的吊籃花盆。還有很多看似毫無用處的舊物，也可以華麗地變身，成為好看、有趣的容器。

空罐子的時尚變身

用完的食品罐子捨不得扔掉，總覺得以後可以拿來裝點東西，可是一直都等不到機會，那不如拿來做成好看的花盆吧！既不用覺得扔掉可惜，又能為裝飾居家派上用場，一舉兩得。

Before

捨不得扔掉又派不上用場的罐子們

奶粉罐子

茶葉罐子

水果罐頭瓶子

飲料罐子

After

❖ 保持原樣就很好看的空罐子

　　如果是透明的玻璃罐子或是本身圖案就很有個性的罐子，那麼不做任何外形上的改變，把植物放進去就能變得很好看。

❖ 塗刷上色就有不同感覺的空罐子

　　刷上喜歡的色彩，空罐子搖身一變就成了一件藝術品。即使是沒有繪畫天分的人，罐子的改造也是如此簡單。

❖ 加點小裝飾展現獨特魅力的空罐子

如果上色還不能滿足改造者的熱情，那麼試試看用小裝飾物對空罐子進行改造吧！只要你發揮創造力，即使是一個簡單的手寫標籤，或是一張精美的貼紙，就能將空罐子變成好看的花盆。

💡 設計小竅門

在把罐子改造成花盆時，記得多戳幾個洞。這麼做是為了幫助植物生長，還可以提高土壤的排水效果和透氣性，避免澆水過多或呼吸受阻，造成植物的根發黴或是腐爛。

▲ 自製標籤加麻繩，空罐子立馬變身好看的花盆。

▲ 用彩色棉線織出可愛的花盆外衣，有趣又好看。

▲ 穿上幾根鐵絲，空罐子立刻變成懸掛式花盆。

鞋子的亮麗變身

鞋子穿壞了只能扔掉嗎？不，乾脆試試看把它們做成花盆。不管是皮靴還是高跟鞋，都可以是植物們的家，只要簡單地DIY一下，充滿童趣又獨特的陽台花盆就誕生了。

捨不得扔掉又不再穿的鞋子們

皮靴　　　　　　高跟鞋　　　　　　帆布鞋　　　　　　雨靴

After

餐具的意外變身

　　餐具之中，並不是只有好看的茶杯才能作為花盆，只要能與自家陽台的風格搭配得宜，任何餐具都能成為你家陽台的一分子。

Before

一直沒機會使用的閒置餐具

茶杯　　　　　碗　　　　　雙耳鍋　　　　　湯勺

After

意想不到的變身花盆

　　陽台的打造不同於裝飾其他空間，為了能與植物隨性的自然狀態契合，花盆的樣式並不拘泥於傳統的樣式，我們可以有更多的創意想法，只要能與陽台的整體氛圍相呼應，那麼不管是怎樣出乎意料的變身，最後都會呈現出獨特而又美觀的裝飾效果。

牛仔褲

鳥籠

紅酒軟塞

紅酒瓶

燈泡

DIY手冊2：
讓花草擺放得更有趣的花架

根據陽台情況自己動手製作花架，給喜愛的花草植物們量身打造一個舒適的「家」，讓閒趣與舒適共存於陽台上。

淘汰家具的驚喜變身

過時的椅子、破損的櫃子……，失去了原本的使用價值，扔掉又有點可惜，不妨試試把它們變成植物們的新家，讓陽台煥然一新。

捨不得扔的家具

桌子　　　　　　椅子　　　　　　茶几　　　　　　櫃子

After

❖ 打造閒情逸趣的桌子花架

在陽台放上一張桌子，可以是簡潔俐落感的，也可以是充滿復古懷舊感的，然後擺上數盆喜愛的盆栽和茶具，既能近距離地享受自然綠意，又能品茶放鬆心情。

❖ 造型別緻的椅子花架

　　家裡多餘的椅子沒有地方收納，
那就放在陽台上做成花台，不僅充分
利用了廢舊物品，還打造出獨一無二
的休閒陽台。

❖ 收納功能強大的櫃子花架

　　擺上一個櫃子，將所有的植物和工具都放在裡面，不僅解決了陽台面積太小、收納困難的問題，從整體上看也十分整潔美觀。

跟著做，你也可以成為手工達人

手作能力強的朋友，不妨試著自己製作花架，只要準備好若干材料以及配件，完成一個純手工製作的花架也並非難事。以下提供兩種架子的簡易做法，有興趣的話可以再找相關書籍學習。

製作1：

準備材料

① 背面擋板
② 底板　　　　　　　　　　　　　　　　　　　　　　　　3塊
　（方木680mm×17mm、680mm×25mm、680mm×37mm）
③ 橫杆（方木 680mm×50mm）　　　　　　　　　　　　3根
④ 斜撐用的長杆（方木 1070mm×50mm）　　　　　　　2根
⑤ 豎立用的長杆（方木 1000mm×50mm）　　　　　　　2根
⑥ 螺絲、螺帽、十字螺絲起子
　*建議準備電鑽，能迅速鑽洞與鎖螺絲。

━ 製作步驟 ━

❶ 將材料❺與材料❸如圖拼接起來。

❸ A杆（＝材料❺）底部是斜的，B杆（＝材料❹）底部是平的，連接處用帶螺帽的螺絲加以固定。

A杆

B杆

❷ 安裝時需要用到黑色螺絲，用十字螺絲起子拴緊。

❹ B杆上的螺絲孔朝外。

❺ 安裝材料❷、❶，拴緊螺絲，做出擺置物品的平面。

製作2：

 準備材料

① 豎立用的長杆
  方木 1500mm（高）×10mm（長）×10mm（寬）　4根
② 底部面板
  杉木板 800mm（長）×300mm（寬）×5mm（高）　4塊
③ 短橫杆
  方木 280mm（長）×5mm（寬）×10mm（高）　6根
④ 螺絲、十字螺絲起子
  *建議準備電鑽，能迅速鑽洞與鎖螺絲。
⑤ 清漆、刷子

━━ **製作步驟** ━━

① 將材料①、
②、③，用螺
絲加以固定。

② 組裝成型的花架，用乾布
擦拭。

③ 用刷子塗上清漆，不用太
仔細，保留刷痕反而會有自
然復古的味道。

Chapter 3

陽台整形魔法
發揮不同作用的
百變空間

除了種花種草，
陽台小天地還有更多變身的本領。

只要「腦洞」夠大，
這裡可以成為喵星人的安樂窩，
也可以是家中孩子玩耍的基地，
或者建一間小書房，
讓陽光、花香與工作為伴……

搬來幾件舊家具，
挑選幾個精美的小物件，
按照自己的想法去布置，
讓陽台成為一處別有洞天的好風景。

陽台餐廚
沐浴在陽光下，享受美味帶來的愉悅

　　將陽台規劃為餐廚空間，利用明亮的大窗戶作為照明，充分享受日光和微風的溫柔撫慰。在這樣光照充足和通風良好的條件下，可以自由地烹調料理和享受美食，感受不一樣的居家自在生活。

---■ 設計要點 ■---

1 陽台廚房應注意牆面承載問題

　　由於陽台窗戶位置的牆壁承重能力較差，因此抽油煙機應安裝在側面的實體牆面上，承重力不夠時應安裝支架，壁櫥等家具也應安裝在實體牆面上。而窗戶位置的光線較好，可以設計為料理台區域。

◀▲ 造型簡潔的抽油煙機與整體環境的融入感極強，流暢的動線設計則令烹飪更加便捷。

▲ 陽台廚房與其他空間之間設置玻璃推拉門，不會影響室內採光。

▲ 大型的收納櫃可以收納較多餐具，也令小空間顯得更整潔。

▲ 在簡潔風格的牆面層板上放置一些簡單的餐具，方便使用。

2 陽台廚房應提前規避油煙問題

　　無論將廚房規劃到哪個位置，中式廚房都無法忽視油煙問題。在改造之初，需要保證陽台與其他空間的推拉門具有密閉性，以保證陽台裡的油煙味不會飄散到其他房間區域。若為烘焙用廚房，則可以忽略這一問題。

3 陽台餐廳要利用牆面製作收納櫃

　　將陽台打造成餐廳，除了擺放餐桌椅之外，也要有能夠收納餐具的地方，可以充分利用空間設計一個小型操作臺，方便準備簡單的餐食。但由於陽台面積有限，且須考慮承重問題，相較於普通的收納櫃，利用牆面訂做收納櫃，能夠省下更多的空間，除了擁有強大的收納力，還能使陽台餐廳看起來整潔又寬敞。

案例一：
讓植物陪你一起進餐

在用餐的地方，植物是營造自然舒適氛圍的重要物品。可以在陽台餐廳的角落或其他有稜角的地方擺放植物，也可以在牆面或天花板裝飾藤蔓類植物。在這樣柔和舒緩的氛圍之下，即使是最簡單的飯菜也能變得美味無比。

石紋矮盆和大花馬齒莧：
自然風的石材紋路，很適
合造型隨性自然的大花馬
齒莧，低矮的花器造型還
有一種純樸的可愛感，讓
人心生愉悅。

白色陶器和薄荷：青翠碧
綠的薄荷葉與造型簡單的
陶瓷容器，屬於冷色系的
組合，與整個陽台空間氛
圍搭配起來非常協調。

寬口暗紋玻璃花器和菊
花：翡翠綠的寬口玻璃花
器，細細的暗紋帶有古典
而低調的韻味，與小巧可
愛的橙瓣褐芯菊花形成清
爽的組合。

仿舊原木增添自然感：天花板的設計非常有意思，藍白相間的原木為空間增添了一股地中海的自然氣息，有種被海水侵蝕的復古情調。

麻線水管成為裝飾物：陽台上裸露的水管非常煞風景，不妨利用麻線將水管纏起來，原本難看的水管反而成為陽台上絕佳的裝飾品。

大型植栽帶來綠意生機：在陽台的角落擺放綠蘿，搭配造型感十足的花架，不僅為空間帶來了無限生機，也提升了空間的裝飾效果。

案例二：
放不下就大方地擺出來

　　原始戶型屬於小戶型，在設計時將客廳與廚房的位置互換，確保客廳採光的同時，也得到了一個充滿太陽光線的一體化餐廚。為了使空間顯得寬敞明亮，家中沒有設計過多的大型收納櫃，而是利用層板、隔牆等不會帶來壓迫感的裝置來擺放一些裝飾小物以及廚房用具。這樣的方式，不僅不顯雜亂，還增加了室內的溫馨感。

節省空間又帶有強大收納功能的
層板：利用層板將使用頻率較高
的鍋子和調味料罐等擺放在一
起，增加拿取的方便性。為避免
雜亂，可以使用統一的容器盛裝
不同的調味料罐，或選擇相同色
系的罐子收納，如此一來，在整
齊的同時還富有生活氣息。

在陽台餐廚空間也可以擺下洗衣機：由於廚房台面的設計不是用實心的
櫥櫃，因此留有一處空餘的小角落，可以把洗衣機也納入陽台廚房裡，
如此，便解決了陽台改造後洗衣機沒有地方安置的尷尬難題。

一物多用的木板：在牆上安裝一塊厚木板，不僅可以當作家人幫忙準備食材時的備料台，也可以是主婦或孩子獨自進餐用的小餐桌。這樣的設計不會給人擁擠的感覺，與收納櫃組合在一起，帶來了一種平衡感。

免打洞掛桿安裝方便又超實用：要在一些實體牆面上打洞比較困難，因此免打洞的收納掛桿可謂方便又好用，簡簡單單的形式就能收納一些日常用餐時使用頻率高的器具。

陽台臥室
小戶型家庭也能多擁有一間房

　　對於小戶型家庭來說，每一寸空間都是寸土寸金。陽台空間看似不大，加以改造後，卻可以成為一間舒適的小臥室。在這樣的小臥室中，無論看書、休憩，或者作為一個真正的兒童房，都是堪稱絕妙的設計。

—— ▪ 設計要點 ▪ ——

1 保溫與隔音最重要

　　把陽台改造成臥室，設計的關鍵是要做好保溫與降低噪音。如果陽台本身為封閉式，那麼只要做好保溫層即可，若是半開放式陽台，則須對陽台進行封裝。封陽台一般分為兩種做法：一種是採用全門窗框架，陽台欄杆可有可無；另一種則是利用門窗框架和陽台欄板的結合。封好的陽台，既可以抗風、擋雨、隔塵，還能夠隔音、隔熱，減少外部的干擾，提升室內的保溫能力。另外，封陽台建議安裝有框的氣密窗，最好是經過抗壓性、氣密性和水密性檢驗的產品，這樣在睡覺時就不用擔心透風漏雨了。

〈 info 〉

陽台保溫層的設計方式

　　保溫層分為內保溫和外保溫兩種形式，一般外保溫指的是外牆自帶的保溫層，而內保溫則可以在陽台牆面內側進行。內保溫層需要在擠塑板（又稱XPS板，以聚苯乙烯為原料，具有密閉式氣泡結構的硬板）的外立面做輕鋼龍骨，貼1～2層石膏板，做完防鏽、防裂的處理之後，還要塗刷防水的塗料。

封陽台的流程

確定封窗單位

現場測量尺寸

安裝窗框

打膠

裝玻璃

裝壓條

打膠

裝紗窗及防盜網

▲ 在原有陽台欄杆的外側進行玻璃封裝，讓床與玻璃之間有一定的緩衝地帶，這樣處理更加安全，裝飾效果也較強。

2 嚴防滲漏，窗戶邊縫都要上膠

無論陽台本身是採用常規的窗戶還是落地窗，在改造成臥室時，都必須要考慮防雨、防水的問題。一定要在安裝完外窗框之後，檢查好窗戶的邊縫處是否都有上膠，若不小心留有細縫，很可能會造成漏水，甚至變成游泳池。

▲ 落地窗一定要做好封裝工作，如此才能擁有一個令人安心的休息空間。

▲ 陽台窗戶做好縫隙處理，並用鋼化玻璃與客廳之間進行分隔，打造出一處安全又安靜的空間。

▲ 陽台的空間較小，選用尺寸適合、款式簡潔的床，可以使空間得到充分利用。

3 考慮承重問題，選擇床的款式與尺寸

　　將陽台改造成臥室，承重問題同樣不可忽視。一般來說，凸出的外陽台由於承重能力有限，不建議進行改造；和建築齊平的內陽台比較適合改造成小臥室。在選床時，儘量以小巧、簡潔的造型為佳，應避免採用厚重的實木床，床頭板也應盡可能簡化，甚至可用抱枕替代。另外，要提前測量陽台尺寸，購買尺寸適合的床，或者直接訂製。

▪ 創意設計 ▪

▲ 帶有收納功能的床，完美解決了陽台空間小，擺放不下物品的難題。

▲ 將陽台臥室的下半部分牆面用秸稈進行裝飾，洋溢著鄉村風情。

▲ 白色紗幔為陽台臥室營造出浪漫的氛圍，同時床的大小可以根據陽台大小調整。

▲ 利用牆壁打造收納櫃，用來存放一些寢具，使小空間得到了充分利用。

▲ 將原本與兒童房相連的陽台設計為小臥室，利用造型門營造出童話世界，而原本的兒童房空間則可以改成兒童娛樂室。

▲ 在陽台上打造一個榻榻米和室作為小臥室。

陽台書房
不會被打擾的寧靜領域

　　陽台是一個相對封閉的小空間，很適合營造出工作時需要的靜謐氛圍。同時，陽台還具備工作、學習需要的足夠光線，在這裡擺放上一桌一椅，就可以輕鬆打造出一個安靜的工作空間。這裡良好的光線以及開闊的視野會帶來更好的工作體驗。

──── ▪ **設計要點** ▪ ────

1 既要防曬防熱，也要保溫保暖

　　陽台書房的改造最重要的是做好防曬防熱、保溫保暖措施。書房的玻璃最好選擇雙層中空的類型，再用優質的膠條進行密封，以達到良好的隔音、保溫作用。而牆面則可以用優質的保溫棉包起來，做好內保溫，或者裝上暖氣，這樣即使在冬天辦公也不會被寒風侵襲。

▼ 做好陽台書房窗戶的密封工作，能夠有效保證空間的溫度以及舒適度。

⟨ *info* ⟩
陽台朝向會對書房產生影響

　　朝南向的陽台由於日照光比較強烈，不太適合改造成書房，如果別無選擇，則一定要提前做好防曬措施，減少光線的直射。相對而言，東西向的陽台更適合改造成書房。

2 選擇合適的窗簾

　　陽台的光線在夏季和正午時會十分強烈，因此作為書房時，一定要搭配適合的窗簾。其中，紗簾能夠使光線變得柔和，厚重的布簾則能夠阻擋大部分光線，增加陽台書房的私密性。

　　另外，過於強烈的陽光會使人看不清電腦螢幕，而且可能還會傷害到眼睛。建議訂製雙層窗簾，一層布、一層紗，白天紗簾可以過濾強烈的日光以免刺傷眼睛；晚上拉上布簾可以隔斷外界的嘈雜和夜風。此外，百葉簾和捲簾也十分適合陽台書房。

▲ 簡潔又方便拉合的升降窗簾十分適合陽台書房。

▼ 輕盈縹緲的紗簾可以遮光，又為空間注入了一份溫馨。

3 家具尺寸應結合空間大小來選擇

　　由於陽台的面積有限，所以桌子的尺寸和形狀只能配合陽台的空間和形狀。在陽台書房中，最好的布置形式是將桌子擺放在窄的一端牆角，以節省空間。椅子除了要坐著舒適以外，尺寸最好不要太大，避免影響行走通道。另外，陽台雖小，但也要有收納書籍和雜物的空間，相較於沉重的書櫃、書架，層架隔板和收納分隔櫃更為適宜，不僅最大限度地利用了牆面空間，還能給陽台書房一個清爽、整潔的視覺效果。

▲ 貼合陽台尺寸的書桌櫃組融入感極強，集實用性與舒適性為一體。

▲ 訂製的一體化書桌不會佔用過多空間，還能擁有不錯的視覺感，再擺一張線條圓潤、坐感舒適的座椅，陽台氣氛立刻變得柔和起來。

⟨ info ⟩
陽台書房的防曬處理方法

　　陽台家具的材質應儘量防曬、輕便。為了避免陽光曝曬而影響家具的使用壽命，一定要做好防曬工作，可以在陽台上安裝雙層窗簾以遮擋強光。

4 陽台書房應調整好書桌 與窗戶的角度

陽台書房的書桌擺放位置也大有學問，原則是：人在桌前低頭工作時，視線要與自然光線相對或者垂直。所以陽台書房的書桌擺放方向與陽台朝向應相同或者與陽台朝向相垂直，確保人在工作時，光線不會被自己的身體阻擋。

▲ 與自然光線相對的書桌擺放形式，令人在工作時享有更加明亮的照明。

5 與鄰近空間風格保持一致

無論是將客廳的陽台還是臥室的陽台改造為書房，都要與主空間的風格保持一致。例如，儘量與主空間的色調相同或相似，地面材質與主空間形成呼應，這樣一眼望去，才會在視覺上有放大空間的效果。另外，陽台書房的家具風格也應與主空間相協調，避免給人帶來突兀的感覺。

▲ 對於開放式的陽台書房而言，其地面材質與客廳應保持一致，且空間色彩的搭配也應源自客廳，才能呈現整體協調感。

創意設計

▲ 一體化書桌最大化地利用了空間，減少空間的浪費，整體視覺感也比較平衡。

▲ 天然材質的捲簾與地面形成呼應，整體空間自然感極強。

▶ 大面積的綠色體現在牆面與綠植之中，再結合溫潤的木質桌椅，令人彷彿置身於自然原野。

▲ 利用層架隔板作為書籍
的擺放場所，既便捷又
實用。

▲ 牆面裝飾線條極為俐
落，帶來理性的氛圍，
圓潤的座椅則為空間增
添了柔和感。

▲ 在牆上搭建書架，不用書櫃也能收納書籍，而靠牆設計的書桌則充分
利用了角落空間。

陽台親子空間
開啟愉悅自在的童年世界

　　陽台的光線充足，是室內與室外環境的過渡之處，將此處設計為親子空間，在環境上比其他家庭區域更有優勢。若陽台的空間較大，鋪上一塊舒適的地毯，擺上幾件兒童家具，就是一處溫馨的玩樂天地；若陽台面積不大，則可以依據孩子的喜好，設計成滿足他們興趣和愛好的獨立空間，例如看書、畫畫、做手工藝等活動的自在之所。

──────■ 設計要點 ■──────

1 安全性不容忽視

　　將陽台改造成親子空間，確保安全性是第一要務。如果居住的樓層較高，一定要注意窗戶和欄杆的高度以及用材的安全。另外，陽台的地面及其邊角也要做好防護措施，以防孩子因跌倒、碰撞而受傷。

▶ 弧形欄杆提高了安全性，小巧的圓角家具則降低了小朋友撞傷的風險。

2 針對不同年齡的兒童做不同的設計

　　年齡偏小的嬰幼兒，非常喜歡用爬行來探索未知世界，因此地面材質應以溫暖、舒適為主，例如，選用柔軟溫潤、舒適安全的松木地板，就算不小心摔倒也不會很痛。若是覺得磁磚或木地板顯得有些沉悶，對於小孩子而言缺乏活力，不妨試試鋪設人工草皮或海綿墊，既有溫暖柔和的觸感，又方便打掃清潔，軟軟的地面，孩子赤腳踩起來也很舒服。

　　對於年齡略大的兒童，可以試著與他們一起動手製作裝飾品，譬如用西卡紙等較厚的紙製作吊燈裝飾，或是剪出各種形狀的圖案貼在門上或牆上，讓孩子能夠體驗到自己動手布置的樂趣，令小小的陽台成為孩子獨一無二的專屬空間。

▲ 在木地板上鋪上草皮地毯，再搭上小帳篷，讓孩子在家也能露營。

▲ 地面鋪上色彩鮮豔的字母巧拼，增加童趣；牆上的黑板則滿足了孩子喜歡塗塗、畫畫的需求。

▲ 讓孩子參與家庭空間的改造，一起感受家的溫暖與力量。

▲ 幫孩子把手作的收納小桶展示出來，既是一種裝飾，也是一份鼓勵。

▲ 露臺的面積較大，擺上兒童家具和玩具，就是一處絕妙的兒童樂園。

◀ 將陽台作為孩童的獨立空間，集學習、娛樂為一體。

▲ 將玩具靠牆擺放，好玩又不佔地。在這裡，孩子能獨自玩上大半天。

▲ 擺上一張畫板，就成了一處滿足孩子畫畫喜好的小天地。

▶ 放張書桌，把陽台當成學習室也很棒。當孩子的朋友來做客時，也可以在此一起玩耍。

陽台會客室
談天說地別有一番樂趣

對於面積較大的陽台，將其改造成一處獨立的會客室也是不錯的選擇。只需擺上家具、茶几、綠色植栽等，就能在這裡和客人喝茶、聊天，感覺輕鬆又自在。若是客廳面積不大但與陽台相連，可以將兩個空間合併，巧妙借用陽台空間增加客廳面積，提供更寬敞的會客空間。

▲ 帶有凸窗的客廳，面積有限，可以改造成一個簡單的窗臺，作為會客用的座位。

▲ 獨立的大陽台可以設計成具有強烈風格的會客廳，彰顯主人的品味。

—■ 設計要點 ■—

1 確保能擺放足夠的會客家具

將陽台設計成會客空間時，一定
要確保擁有夠多的家具，其中，最重
要的就是座椅。面積夠大的陽台，可
以依據個人喜好或居家風格來選擇座
椅的款式；若陽台面積有限，訂製一
排矮櫃或設置架高的木地板，既能節
約空間面積，又能提供大量的座位。

▶ 狹長形的陽台，擺放
座椅的數量有限，利
用一整排的矮櫃就能
有效解決此問題。

▲ 凸窗下軟墊的色彩與客廳沙發同色，再用柔和的粉
色抱枕做跳色，增添活潑感。

2 凸窗用作會客空間，
要與客廳風格相協調

帶有凸窗的陽台，可以將其納入
客廳範圍，作為會客之所。在設計時
需要考慮與客廳的整體性是否協調，
例如，牆面等大面積色彩需與客廳相
同，或為同類型配色，材質上也應符
合整體風格的基調。

▲ 利用凸窗設計一處小茶室，擺上兩個坐墊、一方茶几，就變身為會客的好場所。

◄ 用不同材質和色彩的家具碰撞出一個充滿個性的會客空間，在此談天說地，暢快自如。

▶ 依據陽台的形狀砌出一方檯面，再鋪上軟墊、擺上抱枕，簡簡單單布置後，就成為親朋好友間情感交流的場所。

▶ 擺上沙發、抱枕以及一些裝飾品，還原出一處和客廳類似的會客間，舒服而愜意。

陽台怡情空間
品茶、品酒,為平淡的生活添點色彩

日常生活難免瑣碎而平淡,因此需要在家中留有一隅空間,用以在閒暇時光感受生活、放鬆心情。不妨將家中的小陽台打造成一處怡情養性的小角落,在此與好友一起喝喝下午茶,或是和心愛的人品酒談心,都是為平淡生活增添樂趣的方法。

▲ 大容量的儲酒櫃輕鬆塑造出一個酒吧空間。

▲ 擺放上一個圓桌、兩把座椅,就能輕鬆營造出一個喝下午茶的空間,空暇時間在此看書也是不錯的選擇。

—————— ▪ 設計要點 ▪ ——————

1 可充分運用女性元素打造下午茶空間

　　下午茶給人的感覺是輕鬆愉快的，代表了一種悠閒自在的生活態度，是忙碌生活中得以短暫放鬆的時光。將陽台塑造成下午茶空間，最簡單的方法是運用女性化的色彩，同時避免使用太沉重或濃郁的顏色，要儘量呈現出優雅、明快的感覺。在裝飾物件的選擇上，帶有蕾絲花邊的布藝品、瓷器、圈狀物以及帶有碎花元素的物品和絲帶等均適用，它們可以將優雅女性的特徵別出心裁地融入陽台布置之中。

▲ 粉色花卉圖案的桌布為下午茶空間增添了幾分柔美氣息。

▲ 清新色彩的布藝品與綠色植栽的融合度非常高，為下午茶空間增添了幾分清爽感。

2 利用改造神器打造陽台小酒吧

神器1：仿木陽台欄杆吧檯桌

如果家中的陽台為半開放式，那麼仿木陽台欄杆吧檯桌絕對是最好的選擇。形式多樣，還有升降功能，可以自由選擇，但前提是陽台必須要有圍欄。

神器2：一體化家具

打造一個牆面櫃與桌子相結合的一體化家具，既可以節省陽台空間，又不乏實用功能。搭配兩把椅子，就能輕鬆擁有一間陽台小酒吧。

神器3：牆櫃

可翻折的牆櫃完全可以充當酒吧檯的角色，同時還可以用來存放餐具酒品，既有實用功能，又帶有極強的裝飾性。

▲ 大型植物與鳥籠燈的設計搭配，營造出彷彿身處叢林中的下午茶空間。

▲ 下午茶時光可以很隨意，用一個蒲團充當茶桌，就能讓人品味悠然時光。

▲ 大量木色環繞的空間極具情調，在此與閨蜜享受悠閒的時光，可謂人生樂事。

▲ 鐵藝座椅具有流暢且圓滑的線條，造型感極強。

▲ 弧形吧台很有酒吧的氛圍，大容量的酒櫃設計滿足了愛酒人士的需求。

▲ 迷你冰箱是夏天的必備品，也是陽台酒吧儲藏酒品的好幫手。

▲ 簡單的層板也可以變身成裝飾櫃，再把好看的杯子展示出來，創意滿滿。

▲ 在酒櫃之中融入黑板的設計形式，令陽台酒吧更有氣氛。

陽台嗜好空間
為個人興趣打造獨享空間

　　若是擁有繪畫、健身、手工藝等愛好，不妨在家中開闢出一塊區域，形成一處特有的個人嗜好空間。對於空間有限的家庭而言，讓陽台承擔起這個「重任」最好不過，小小的一隅天地卻足以放置下畫架、樂器、健身器材等物品，讓人在家隨時都能投入自己的喜好之中。

▲ 陽台畫室

▲ 陽台琴房

▲ 陽台健身房

─■ 設計要點 ■─

1 在陽台打造小型健身房

在陽台上擺放一些健身器材，如跑步機、飛輪、啞鈴等，簡單的幾個器材就能為人帶來鍛鍊身體的好心情。將陽台改造成小型健身房後，不需出門，在家就可以隨時運動，既不受惡劣天氣的影響，又能擁有清爽的空氣與自然的景觀。

▲ 在綠意盎然的空間中健身，心情也隨之輕鬆起來。

💡 設計小竅門

即使是狹小的陽台，也能擺下常用的運動器材，最簡單的方式就是充分利用牆面空間。

2 幽靜的環境也適合用作畫室

　　陽台光線好，若位於住宅區，環境也安靜，用來當成畫室是不錯的選擇。只需在陽台上留出空地擺上畫架，便能夠滿足作畫的需求。而且陽台外的景致豐富，在此也有機會激發創作靈感。

▲ 在陽台一角擺放畫架，再放上幾盆植栽，簡直就是一處景色宜人的小畫室。

▲ 將繪畫顏料置入牆面收納架之中，展開畫板，就能享受繪畫時光。

3 還能充當練習樂器的場所

　　將空間較大的陽台鋪裝整齊、做好隔音，就能使這處
獨立的空間有舞台效果，可以當作練習演奏樂器的區域。
在陽台上練習樂器時，窗外美景盡收眼中，充足的光線灑
在樂器上，唯美優雅。藉由簾子或者推拉門與其他空間隔
開，練習的場地也有了私密的效果。

▲ 將爵士鼓放置在陽台上練習時，需要做好隔音措施，在滿足自身興趣的
同時，也應儘量避免打擾他人。

陽台寵物室
與萌寵共度歡樂時光

　　可愛又超萌的「喵星人」和「汪星人」與人類接觸密切，牠們與我們一起吃、住、玩耍，儼然就是家中一員。在陽台為寵物設計一個舒適的小窩，也是主人對牠們表達愛意的方式之一。

────■ 設計要點 ■────

1 將陽台設置為寵物室需注意氣味與衛生

　　陽台是家中通風好、採光佳的場所，在這裡設置寵物室，就可以讓寵物每天看到外面的風景，感受自然的氣息。當陽光灑落進來，讓寵物沐浴在陽光下，非常溫暖。雖然陽台的通風效果較好，但依然要注意該區域的氣味與衛生問題。居住者可配置氣味隔絕系統，或者在陽台與室內之間設置活動拉門，既可以有效阻隔寵物的氣味，又方便就近照顧寵物。

▲ 通透的玻璃拉門可以有效分隔陽台寵物區和室內空間，且不會影響室內採光。

2 陽台寵物室的地面材質需防滑、易清潔

寵物掉毛無可避免，因此陽台寵物室的地面材質最好選用防滑、易清潔的地磚。值得注意的是，應避免使用縫隙較大的防腐木地板，也不建議鋪設大面積地毯，一方面不易於毛髮的清理，另一方面地毯容易寄生蟎蟲，若清理不及時，可能會對居住者和寵物的皮膚帶來傷害。但為了使地面保持溫暖，可鋪設小尺寸的地毯。

▲ 花紋地磚給原本簡單的陽台寵物區帶來活潑感，護欄設計則為寵物帶來安全感。

▶ 小面積鋪設地毯，增加了溫馨感，也帶來了視覺上的變化。

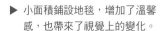

3 陽台家具的材質和款式要與寵物特性相配合

貓和狗尖利的爪子很容易就破壞了家具，因此寵物室一般選擇不易被抓壞的木質家具。若能每週給牠們剪一次指甲，也可以選擇布藝家具、藤製家具，但一定要避免選用皮革家具。另外，應儘量選擇圓角、收邊的家具，避免低矮、直角的家具。也可以在陽台上設置貓跳台，為寵物創造更多的遊戲空間。

▲ 在陽台一側放置貓跳台，就能為貓咪營造一處娛樂場所。

▲ 木質家具和藤編籃筐都是能與寵物友好相處的居家用品。

4 寵物窩可與其他功能空間相結合

　　若家中陽台的面積較大，可將寵物室與陽台其他的功能區域相結合；若陽台面積有限，則可以購買單獨的寵物房或寵物窩，放置在適宜的區域。另外需要注意的是，養貓的家庭，陽台最好做封裝處理，養狗的家庭則不一定非要封裝陽台，但護欄一定要高一些，且要設置擋板。

▲ 體積小巧的各式寵物窩，是小陽台的好選擇。

▲ 一體化訂製家具可提高空間的利用率，也給寵物帶來一處獨有的小窩。

貓窩的選擇

　　對於貓咪來說，小窩的顏色和款式不重要，重要的是要柔軟、暖和、隱蔽，有頂篷的款式最好。

狗窩的選擇

　　木製狗屋是比較好的選擇，大小最好以 $0.5\sim0.7m^2$ 為宜，但大型犬例外。另外，可折疊的帳篷式狗窩也是不錯的選擇。

◾ 創意設計 ◾

▲ 陽台上半部分訂製收納櫃，滿足儲物和晾曬功能，下半部空間則為寵物安家，充分利用了陽台的空間。

▲ 將藤籃貓窩融入陽台之中，既不佔用過多空間，材質的呼應，也讓整體和諧。

▲ 可以在凸窗的下方專門設置一個寵物窩，鋪上柔軟的毯子，主人就能和愛寵成為上下鋪的兄弟。

▲ 利用牆面空間安裝隔板，為家中的貓咪打造出一個快樂攀爬的區域。

陽台洗衣間

讓繁瑣的家務時光變輕鬆

　　洗衣機在衛浴間，晾衣服卻要跑到陽台，每次洗完衣服得先用大盆子裝好，再穿過整個客廳才能抵達陽台進行晾曬；拖把、水桶放在衛浴間，掃帚、吸塵器卻在陽台，清潔屋子時只是拿個打掃用具就要兩個空間來回切換……這樣的場景光是想像都覺得疲憊不堪。如果能將陽台打造成洗衣間，將洗衣、晾衣和收納清潔工具在一個空間內解決掉，家務時間即刻縮短一半。

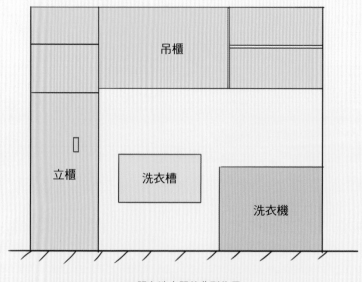

▲ 陽台洗衣間的典型佈局

▬▪ 設計要點 ▪▬

1 水電改造

　　把陽台變成洗衣間，一定要注意做好水電改造。水電改造在整個家庭裝修中是最重要的事，陽台洗衣間也不例外，如果這一環節出現問題，會給往後的居住生活帶來莫大隱憂。在進行水電改造時，一定要預留好冷熱水管、洗衣機水龍頭、洗衣機電源插座等安裝的位置。

要點1：做好防水

　　若只給洗衣機的區域做防水措施，絲毫沒有意義。溢水時，水不會只留在做了防水的區域，而是會流得到處都是。除了整個陽台地面都必須做好防水，牆面防水也不容忽視。一般來說，牆面防水塗刷高度不能低於30cm，放洗衣機的地方則要更高一些，若是開放式陽台則建議做到天花板。防水層厚度也有要求，以不低於1.5mm為宜。

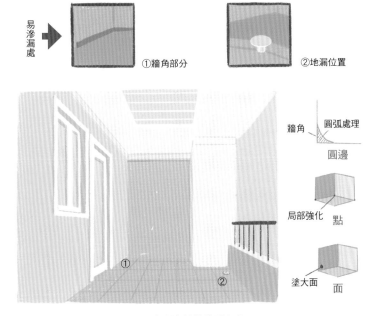

▲ 防水塗料的塗刷方式

洗衣機的排水大致上分為上排水和下排水。一般滾筒式洗衣機採用上排水式，而下排水型洗衣機則是利用「水往低處流」的原理，這種洗衣機的噪音比較小。

① 排水高度應設置於80～100cm處，避免造成邊進水邊排水的情況。
② 和地漏之間擺放的位置遠近均可。

▲ 上排水型洗衣機

① 排水高度（距離洗衣機安放位置的水平面）應低於10cm，避免造成排水不暢。
② 洗衣機的擺放位置要靠近地漏，避免造成流水不通。
③ 排水管處最好做一個拱形的支撐，利於排水。

▲ 下排水型洗衣機

連接洗衣槽或
其他排水管

可連接
洗衣機
排水管

▲ 洗衣機專用地漏

另外，洗衣機的排水管不要直接插進下水道或者地漏，因為若周圍的密封性不好，容易出現水回流的情況，還會造成氣味往上衝。正確的做法是用洗衣機專用地漏來排水，同時還可以連接小水槽的排水和烘乾機的排水，發揮很好的密封作用。

要點3：
預留水龍頭和插
座的安裝位置

如果陽台洗衣間同時兼具其他家務功能，如存放拖把、抹布等清潔用具，則最好多預留一個水龍頭，或者裝一個洗拖把的水槽，能使家務更順手。安排插座也是同樣的道理，需要多做預留，不僅應考慮洗衣機的插座安裝位置，同時應兼顧到電動晾衣架、裝飾燈具的插座安裝。

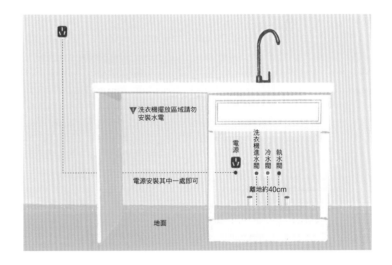

〈 info 〉

陽台插座安裝要點

　　在陽台上安裝插座，不能裝在地面上，也不能距離地面太近，否則會有漏電的危險，同時要注意給插座裝上防護罩。

根據洗衣機位置確定排水管和插座的安裝

　　洗衣機位置確定後，可以考慮將排水管做到牆裡面，電源插座不要裝在洗衣機正後方，裝在水槽下面最適當。

2 尺寸規劃

　　由於陽台的面積有限，想要充分利用空間完成洗滌、晾曬、收納等一系列行為，需要提前規劃好相關物體擺設空間的大小。

❖ 洗衣機、烘乾機的安放空間尺寸

　　洗衣機的尺寸會依廠牌、容量而異，沒有具體的標準，以下以容量10kg左右的滾筒洗衣機為範例說明。

① 假設滾筒洗衣機和烘乾機的安放標準尺寸是60cm（長）× 60cm（寬）× 85cm（高），但需要考慮預留安裝空隙和疊放連接架的位置。
② 當滾筒洗衣機和烘乾機疊放時，左右寬度預留70cm，上下高度預留180cm。
③ 當滾筒洗衣機和烘乾機並排時，左右寬度預留135cm，上下高度預留90cm。
備註：若為上開蓋洗衣機，則要預留更多的高度空間。

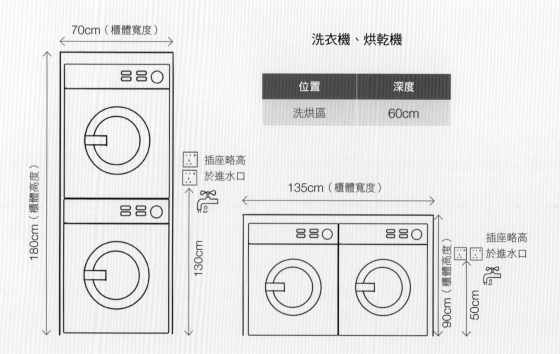

洗衣機、烘乾機

位置	深度
洗烘區	60cm

◎洗衣機 + 水槽的組合

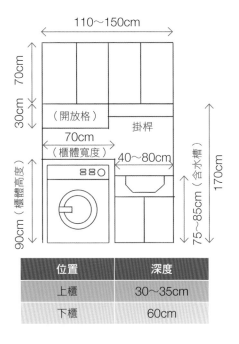

110～150cm

70cm
30cm

（開放格）

掛桿

70cm
（櫃體寬度）

40～80cm

90cm（櫃體高度）

75～85cm（含水槽）

170cm

位置	深度
上櫃	30～35cm
下櫃	60cm

◎洗衣機 + 烘乾機的組合

位置	深度
左櫃	60cm
右櫃	40～60cm

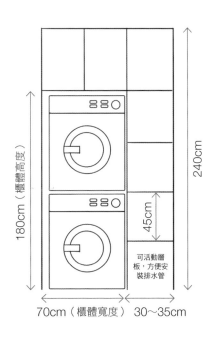

180cm（櫃體高度）

45cm

可活動層板，方便安裝排水管

240cm

70cm（櫃體寬度）　30～35cm

◎雙機疊放 + 水槽的組合

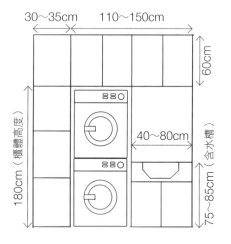

位置	深度
右上櫃	30～35cm
右下櫃	60cm
左櫃	60cm

◎雙機並排 + 水槽的組合

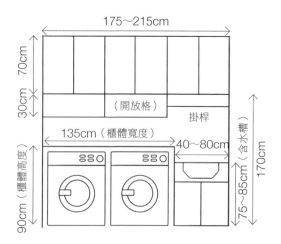

位置	深度
上櫃	30～35cm
下櫃	60cm

❖ 洗衣櫃尺寸

　　一個完整的洗衣櫃包括地櫃、吊櫃、洗衣槽，洗衣櫃不僅是對洗衣機的保護，還可以讓衣架、洗衣液、肥皂等清潔用品有歸宿。洗衣櫃的高度一般需要在1.2m以上，吊櫃的高度為50～60cm，深度一般為30～45cm。如果需要把拖把等較長的物體也存放在這裡，則可以設計一個側邊櫃。

位置	深度
開放格 （收納清潔劑等）	40cm
清掃工具收納格	40～60cm
其他物品收納格	40～60cm
洗衣槽	60cm

① 清潔劑收納：櫃體寬度為30～35cm，深度為40～60cm。

② 清掃工具收納：利用洞洞板或掛鉤進行垂直收納，下圖為高180cm的空間，可以放長柄的清掃工具。

③ 其他物品收納：下方高60cm，便於收納常用的20寸（34cm × 50cm × 20cm）行李箱。中間高120cm，適合掛大衣或外套，上方高60cm，用來收納被子、床單等。

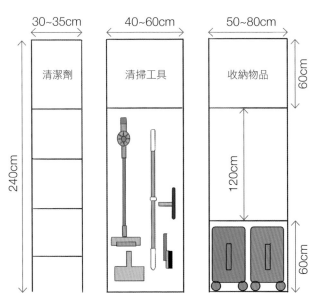

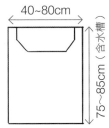

3 延伸設計

　　陽台洗衣間具備清洗、收納、晾曬等功能，在設計時可以考慮做一些延伸運用。例如，規劃出拖把槽的位置，並選擇新型晾衣架，讓陽台時時刻刻保持整潔，告別凌亂。

❖ 規劃拖把槽

　　將拖把槽設計在陽台上，拖地、洗拖把、晾曬等就能形成一體化作業，便捷性較強。同時，陽台可以接觸到陽光，紫外線具有殺菌效果，非常適合擺放容易藏汙納垢的拖把。在陽台上可以把拖把槽規劃到洗衣機旁，與洗衣機共用一個地漏即可；若沒有洗衣機，可以放在有地漏的一側轉角處。如果陽台沒有排水口，則不建議規劃拖把槽。

▶ 在洗衣機旁規劃一個拖把槽，為陽台洗衣間注入更多功能性。

❖ 選擇新型晾衣架

有些家庭由於陽台面積有限，無法規劃烘乾機的位置，洗完的衣物就需要晾曬。為了維持陽台的整潔度，晾衣架的選擇大有學問。比較受歡迎的是電動晾衣架，它不僅可以懸掛衣服，還具有照明、熱風乾燥、消毒等功能。如果預算有限，也可以選擇一些機動性較高又好看的晾衣架，不使用時就能收起來，完全不會影響陽台的美觀。

掛壁式折疊晾衣架

推薦指數：★★

可伸縮晾衣繩

推薦指數：★★★★

隱藏式晾衣架

推薦指數：★★★

可移動折疊晾衣架

推薦指數：★★★★

▲ 陽台洗衣間採用百葉窗簾，能有效降低強
　烈光照對洗衣機壽命的影響。

▲ 把洗衣糟和洗衣機做成高低
　台，手洗衣服會很輕鬆。

▶ 在牆壁上安裝小型烘乾
　機，解決陰雨天氣時衣
　物不易晾乾的問題。

▲ 磚砌洗衣槽相對於木製洗衣槽而言，防曬性能更高，同時美觀度也大幅提升。

▲ 在陽台洗衣間多規劃一些收納空間，可以為清潔用具提供安身之所。

▲ 陽台洗衣間以清爽的藍白色為主色，再加入綠色植栽點綴，充滿生機，降低燥熱感。

陽台多功能室

深度挖掘空間，發揮100%使用率

　　想要在有限的空間中，尋找提高空間利用率的可能性，就不能忽視對陽台的利用。有些家庭的陽台較大，若適切的活用空間，在一方小天地中就能實現多種功能；而就小面積的陽台而言，只要動動腦筋，找到破解的法門，打造多功能陽台也絕非天方夜譚。

──────■ **設計要點** ■──────

1 合理規劃陽台空間

　　在寸土寸金的室內空間中，想要實現更多的功能，就要對空間進行合理規劃。這種理念同樣適用於陽台，在對陽台進行多功能區域的分割時，首先要明確一個主要功能，將能夠滿足其功能需求的家具擺放在中心區域，或保留足夠的放置區域。而一些附加功能則可以在角落中實現，千萬別將每種功能佔據的空間平分，否則會導致陽台沒有主次，缺乏美感。

▶ 此陽台的主要功能為會客，因此用家具圍出一個會客區；再於一側設置吧台，這樣既能滿足會客時的品酒需求，也能為陽台注入更多功能。

2 充分挖掘一物多用的可能性

若要在陽台中實現多重功能，可以花些心思找出一物多用的可能性。比較簡單的方式是選擇可以滿足多種功能需求的家具。例如，將簡單造型的折疊式沙發放置於陽台，日常可以作為會客用，有親朋好友來家裡過夜時，則可以拉開作為臨時的床。或在主功能為書房的陽台中，選擇較長的書桌，這樣日常工作之餘，還可以和家中的孩童在此進行手作遊戲。

▲ 陽台一側的休閒區既可以作為會客區，又能作為臨時的客房；而餐桌除了用餐時使用，也能當成工作台。

—■ 創意設計 ■—

案例一：
讓時光變得優雅的
多功能陽台

　　對於面積較大的陽台，只要規劃好使用空間，就能帶來多種用途。可以在中心區域擺放喝下午茶的桌椅，擺上精緻的茶器與茶點，加上造型別緻的休閒椅，就能讓時光變得優雅起來。同樣，角落空間也不容忽視，將一些小巧的個人用品或是休閒家具擺放在這裡，可以讓陽台的功能更加豐富。

多功能體現1：小畫室

把畫架放在陽台上，將藝術感帶入優雅閒適的空間中。油畫與下午茶，絕對是極具格調的搭配。

多功能體現3：靜謐的單人休閒空間

舒適的吊床是女人與孩子的最愛，放在陽台的角落，一個人窩在裡面，沐浴著陽光，聞著咖啡香，在輕微的晃動中感受時光之慢。

多功能體現2：小角落裡的花園

精緻的鳥籠造型花架，為陽台節省了不少空間；厚重的色彩與復古的造型，則為空間帶來優雅的氛圍。

案例二：
寬敞、透亮又充滿
生機的多功能陽台

此案例中，超大型陽台與客廳之間即使沒有以隔牆或家具來分隔，也沒有給人帶來混亂的感覺，這主要歸功於綠色植栽。陽台與客廳之間過渡的牆面和頂面爬滿了植物，形成「天然的隔牆」，讓人一眼就能分清楚兩個功能區。這種超大型陽台堪比一間屋子，可實現多種功能。

多功能體現1：工作室

在陽台一側擺放長書桌，規劃出工作區。帶有滑輪的座椅挪動便捷，也與空間體現出的工業風搭配得宜。

多功能體現2：琴室

鋼琴太大又佔地方，臥室放不下，客廳也找不到合適的角落放置，不妨將它安置在陽台，在寬敞的空間中，使用者可以在滿眼綠意的陪伴下演奏。

多功能體現3：會客室

在鋼琴旁隨性擺放幾張沙發椅，讓人可以在彈琴的空閒之餘坐下來休息一下；也可以讓家人或朋友舒舒服服地窩在裡面，一邊沐浴陽光，一邊享受音樂。

案例三：
享受慢生活的多功能陽台

喜歡一個人小酌一杯，或是喜歡與友人、家人自在地聊天，不妨考慮將陽台打造成一個休閒茶室。日式榻榻米的設計，將每一寸角落都覆蓋起來，形成了半開放式的私密小空間。在這裡，主人可以泡上一壺茶，趁著陽光正好的時候，拿一本喜歡的書細細閱讀，茶香混著花香，還有草蓆被陽光照射而散發出的藤草香，此情此景多麼愜意！

多功能體現1：
集收納與休憩雙功能的榻榻米

將陽台設計為榻榻米和室，可以為家中多添一間房；帶有儲物功能的抽屜，為一些日常小物提供容身之所。

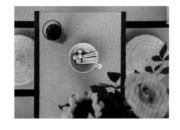

多功能體現2：
增加會客功能的升降桌

升降桌操作方便，有客人來時，可以升起作為泡茶享用點心的桌子，不用時收起，完全不佔地方。

◀▲ 在陽台角落裡配備一張可折疊、方便移動的小桌子，也可以替代升降桌，它既可以作為擺放杯子茶飲的小茶桌，也可以是擺放花藝品的裝飾性桌台。

多功能體現3：夾帶綠意的彩虹頂面

彩虹般絢麗的頂面色彩，被細細的木條分隔成一塊塊的小方格，像極了包裝精美的彩虹巧克力，從彩虹頂面垂下的吊燈之中，還帶有一株小小的鐵蘭花，讓人看了眼睛一亮。

台灣廣廈 國際出版集團
Taiwan Mansion International Group

國家圖書館出版品預行編目（CIP）資料

陽台輕改造，小空間變大用途！：300張實境照！選建材×挑家
具×做造景，兼具美感與功能的10大類設計提案 / 理想‧宅著.
-- 初版. -- 新北市：台灣廣廈, 2021.01
　面；　公分
ISBN 978-986-130-477-9（平裝）
1.陽臺　2.家庭布置　3.空間設計

422.4　　　　　　　　　　　　　　　　　109016617

陽台輕改造，小空間變大用途！

300張實境照！選建材×挑家具×做造景，兼具美感與功能的**10**大類設計提案

作　　　者／理想‧宅

編輯中心編輯長／張秀環‧編輯／許秀妃
封面設計／何偉凱‧內頁排版／菩薩蠻數位文化有限公司
製版‧印刷‧裝訂／東豪‧弼聖‧秉成

行企研發中心總監／陳冠蒨　　媒體公關組／陳柔彣
　　　　　　　　　　　　　　綜合業務組／何欣穎

發　行　人／江媛珍
法律顧問／第一國際法律事務所 余淑杏律師‧北辰著作權事務所 蕭雄淋律師
出　　版／台灣廣廈
發　　行／台灣廣廈有聲圖書有限公司
　　　　　地址：新北市235中和區中山路二段359巷7號2樓
　　　　　電話：（886）2-2225-5777‧傳真：（886）2-2225-8052

代理印務‧全球總經銷／知遠文化事業有限公司
　　　　　地址：新北市222深坑區北深路三段155巷25號5樓
　　　　　電話：（886）2-2664-8800‧傳真：（886）2-2664-8801
郵政劃撥／劃撥帳號：18836722
　　　　　劃撥戶名：知遠文化事業有限公司（※單次購書金額未滿1000元需另付郵資70元。）

■出版日期：2021年1月
ISBN：978-986-130-477-9　　　　版權所有，未經同意不得重製、轉載、翻印。